# 生物动力园艺

[英]蒙提·瓦伦丁　著　　王黛西　译

长江出版传媒　湖北科学技术出版社

图书在版编目（CIP）数据

生物动力园艺 /（英）蒙提·瓦伦丁著；王黛西译 . -- 武汉：湖北科学技术出版社，2021.6
  ISBN 978-7-5352-9842-3

Ⅰ . ①生… Ⅱ . ①蒙… ②王… Ⅲ . ①园艺作物 - 有机农业 - 研究 Ⅳ . ① S6

中国版本图书馆 CIP 数据核字 (2020) 第214055号

**Original Title: Biodynamic Gardening**

生物动力园艺
SHENGWU DONGLI YUANYI

责任编辑：张丽婷　周　婧
封面设计：胡　博
督　　印：刘春尧

出版发行：湖北科学技术出版社
地　　址：湖北省武汉市雄楚大道268号（湖北出版文化城 B 座13—14楼）
邮　　编：430070
电　　话：027-87679468
网　　址：www.hbstp.com.cn
印　　刷：当纳利（广东）印务有限公司
邮　　编：518129

开　　本：889×1194  1/16  15印张
版　　次：2021年6月第1版
印　　次：2021年6月第1次印刷
字　　数：300千字
定　　价：108.00元

（本书如有印装质量问题，可找本社市场部更换）

**For the curious**
www.dk.com

# 出版前言

　　生物动力园艺也称"生物动力平衡园艺"，是由鲁道夫·斯坦纳于1924年首先提出的。生物动力农业与有机农业有许多原理和方法是相同的，但其特殊之处在于生物动力农业考虑粮食生产中的物质和精神两方面因素，同时利用陆地和宇宙的影响，从光和热促进动植物成熟的角度，将行星运行规律对动植物生长的作用具体化。

　　生物动力农业的显著特征是，对土壤和作物施用或喷洒微量生物动力制剂——这些制剂是由自然发酵的有机物质制成的，可以重建土壤与植物之间的自然动力，使枯竭的土壤展现出切实的恢复力，以期收获既有质量又有生命力的作物。

　　目前，生物动力园艺在英国、德国、法国、美国等欧美国家较为流行，但在国内尚未得到普及。《生物动力园艺》的出版，旨在让更多读者和园艺爱好者能够对生物动力园艺有更为科学和深入的了解，能够更好地运用生物动力方法进行园艺工作。

　　作者蒙提·瓦伦丁为英国皇家园艺协会成员，一直致力于生物动力园艺的研究和推广。本书为呈现作者个人研究和实践结果的园艺图书，书中不乏她通过多年的亲身耕作总结出的在自家花园进行生物动力园艺工作的经验，但书中部分观点并不代表出版社观点。一些词句的描述已进行适当加工修改，以求用更为简单易懂的语言还原作者的观点与看法，若仍存在疏漏之处，望广大读者斧正。

# 目 录 CONTENTS

# 什么是生物动力园艺？

生物动力园艺是将生物动力学的知识应用到园艺作业中的一种园艺模式。生物动力学为我们提供了简单的方法——依照季节性周期和自然节律培育土壤。这些方法让我们脚下的大地可持续地为我们提供高质量的美味食物，滋养我们的身体和心灵，同时让我们学会回馈大地，而不只是一味索取。开始你会感到一些方式有些古怪，事实上生物动力学都基于古老的农耕价值体系，和很多的动力园艺相似：健康的土壤，自给自足的经济，给大地投入更多，顺应而非违背自然节律。不同之处在于所使用的9种生物制剂，这九种基于植物和矿物质的补救措施，能为你的土壤和花园带来活力——这是生物动力学的独特之处。最重要的是，将天与地的自然循环相互连接，这不需要什么成本，却可以让我们的园艺生活更加美好。

The 有机方式 · *organic way*

# 认识你的花园

在花园里，你想种什么是一回事，适合种什么却是另外一回事。花园成功的关键在于，满足园主的需求并平衡这块土地上作物之间的潜在关系，换句话说，应当选择那些尽可能少花精力和成本，同时又能靠自然的力量茁壮生长的植物。

## 决定种什么

不用说，当然应该种你喜欢吃的蔬菜和水果。但首先要了解你的花园最适合种什么。可以请教你的邻居，什么植物长得好，什么植物长得不好，但是，不要直接采纳邻居的建议，因为他们的花园的状况和你的不同。其次，要评估花园的状况，这关系到植物的生长。所有的植物都需要养护，甚至大部分植物每天都需要花时间打理，因此，有时间去养护植物非常重要。如果时间充裕，种任何你喜欢的植物，如果时间不充裕，那么就可以种一些多年生的蔬菜、香草植物、能结果实的灌木和乔木，它们不需要那么多的日常养护。

## 评估花园的生长条件

花园的朝向、通风条件、日照的长短，都会影响植物的生长。了解花园的纬度，是非常重要的一件事情。纬度决定了白昼的长短、季节的转换、日照持续的时间和质量，也决定了第一次和最后一次霜冻的时间。霜冻会直接影响一些弱小、不耐寒植物的生长，比如番茄，从播种开始到幼苗长大，整个阶段都需要在庇护下生长。对那些耐寒的多年生植物来说，霜冻也是相当重要的。有些果树，只有在春季最后一次霜冻后开花，才能坐果和收获。而且，对于青花菜来说，打过霜味道才会更好些。所以，做种植计划时，要检查花园的霜洼地（夜晚冷空气注入谷地这一现象，气象学上称为霜洼），尤其是低矮或者下陷的区域。

种植前，还要考虑你所处地区的降雨期和降雨量。夏季不常降雨的地方，一些不耐旱的作物，比如菠菜，需要经常浇水。如果你对雨季很了解，应该计划收集并储存尽可能多的雨水，以备干旱的时节使用。而那些长时间有强降水的地方，裸露的土壤会遭到破坏，需要未雨绸缪，种植一些农作物或者绿肥植物（详见第13页）保护土壤。除了大气候环境以外，你的花园也会有小气候，有些区域特别温暖，有些区域特别阴冷，可能只有几步之遥。记下这些，根据花园的条件进行种植。

## 评估你的土壤

土壤的类型决定了你能种植的植物。健康的土壤含有腐殖质，因而你种植的植物也会影响土质。土壤含有黏土、沙土和石子，它们的比例会影响土壤的排水和养分的吸收。理想的土壤中，黏土和沙土比例是均衡的，被称为"壤土或沃土"。壤土排水稳定，能够给予植物足够的水分和养分，而且不会积水。相反，沙质土壤和石质土壤排水良好，但是养分会随着排水而快速流失。而养分富足的黏质土壤虽然排水缓慢，却容易引发水涝。

你可以在植物周围的土壤挖洞后浇一桶水，通过水消失的速度来判断土壤类型。或者，为了更精确地测量土壤结构，找一个玻璃大罐子，灌满水后加入一铁锹土壤，封口，摇晃罐子，静置一晚。第二天早上观察，如果罐子内多半是沙子和石子，那么土壤是沙质的；如果水很浑浊，多半是很细的沉积物，那么土壤则是黏质的。

## 了解你的土壤

为了改善沙质和石质土壤，可翻耕埋入大量的堆肥或者播种绿肥植物。埋入堆肥也可以改善黏质土壤，打破其致密结构，让排水更通畅，同时仍然保留营养成分。添加堆肥会增加土壤中有机质的含量，防止土壤流失，而且有助于维持蚯蚓和土壤微生物的生存空间，因为疏松土壤使空气、水分和养分得以流通。堆肥提供了所有重要的腐殖质，是植物需要的"食物"来源。腐殖质就像土壤养分的浓缩物，保持和释放植物需要的营养。

即使你的土壤很肥沃，植物吸收营养的能力也取决于土壤的pH值（酸碱度）。土壤酸碱度影响很多营养物质，特别是微量营养素的溶解度，从而决定了植物对这些养分的吸收。对于大多数植物来说，理想的土壤pH值是7，中性。较低的pH值适合喜欢酸性土壤的植物，较高的pH值则适合喜欢碱性土壤的植物。你可以用试纸测试你的土壤酸碱度，也可以寻找一些对酸碱度敏感的杂草，比如喜欢酸性土壤的蒲公英和车前草，喜欢碱性土壤的琉璃繁缕和野生胡萝卜（'安妮王后的蕾丝'）。你也可以利用其他的杂草评估土壤的其他特质：金凤花的出现意味着积水，茁壮成长的杂草表示土壤密实，还有许多其他种类的杂草的生长表示特定营养物质的缺失与否。

## 如何规划一个新花园

当你规划一个新花园时，第一步是绘制一张草图，标出现有的场地。首先，找出一些永久或半永久的地貌特质，比如池塘、苗床、工具房、小径，还有斜坡。工具房可以用来避风，而一个向阳的斜坡可以种植果树，斜坡的底部可以考虑建造一个池塘。然后考虑其他可能会影响种植的因素，包括霜洼、热点、主要的风向。最后，利用墙壁和篱笆标记出自然的边界和固定的区域，可以保护花园和建筑的私密性。

## 具体的规划工作

提前进行花园设计是为了保障成形后的花园适合你，以及通过规划，花园的每一个区域都能够被充分高效地利用。首先，规划出花园的路径及其通往的重要场所，比如，工具房、温室、堆肥垛、房屋、花园门，这样就能把绿色垃圾、工具、堆肥和植物，高效率地运送到各处。然后，把花园进行分区，如育苗区、种植区、植物储存区、工具放置区、堆肥区和储水区。育苗区包括温室、播种用的温床、防霜冻的阳畦。温室和温床紧挨在一起，阳畦则用来预防可能发生的不测天气，保护小苗成功过冬。

花园里的墙壁是理想的场地，苗床、阳畦、藤架都可以倚墙而建，家禽也可以在此处落脚。

· **储藏间里放什么** 储藏间非常重要，不仅能存放工具装备和产品，还可以放置任何你想收纳的东西。花园工具需要保护，应该在室内存放。除此之外，出于安全考虑，预防工具被人拿走，上锁是必要的。

还要考虑到各种蔬菜也需要的特定储存空间和储存条件，比如，洋葱和南瓜需要通风；马铃薯、胡萝卜、蔓菁和其他根茎植物喜欢阴凉的地窖环境；苹果和梨喜欢既通风又阴凉的地方。

采集的种子需要分类、清洗、干燥并储存在合适的位置。最后，还要寻找一个比较阴凉的地方，存放制作生物制剂的材料，无论是购买的，还是花园里收集的。

· **给野生动物留有空间** 为了吸引野生动物，需要在整个花园里打造不同高度、形状和颜色的花境。鲜花对视觉、听觉和嗅觉的刺激，会吸引各种小动物来访，增加花园生物多样性的同时，也能激发你的工作动力。池塘会成为花园的焦点，吸引很多的益虫和两栖动物。在保护儿童安全的情况下，要设收集雨水的装置。池塘里安装一个太阳能水泵，可以保持水中的养分和水质的健康。如果空间允许的话，给野生动物留些栖息地。

· **让生活轻松些** 有效的花园照明，非常值得列入你的花园清单中。它不仅能满足你夜间作业的需要，还可以防止意外事故的发生。有了夜间照明，可以清楚地看到你在干什么，你正走在哪个位置。另外，花园里多备几个便携式小垃圾箱，以免不断地在堆肥垛和家之间的路上往返。为了使浇水变得轻松，可以在比较大的场地，安装管体式水塔，连接到主水管，或者在苗床上放置渗水管。

· **给自己留个空间** 以上所做的所有事情，就是为你和你的朋友、家人营造一个空间，你们可以坐下来，观赏整个花园，或者仰望星空。观察是最好的和最有效的学习方式，是任何一位生物动力园丁都期望的。

## 利用苗床

　　如果你希望持续不断地得到新鲜蔬菜，避免繁重的挖掘工作和频繁地除草，下雨天鞋子也不会沾满泥巴，最好的方式就是建苗床，它是城市小花园的理想选择。

　　苗床种植起源于19世纪后期的巴黎。彼时，街道上日益增加的马车留下了越来越多的粪便，巴黎市民开始将它们收集起来，放入花园中。一段时间后，马粪变成堆肥，掺进肥沃的土堆里，人们沿着土堆，一边走，一边撒种，种植蔬菜。堆肥坑不断有新鲜的肥料加入，土壤非常肥沃，植物比常规种植更加密集，并且产量和质量都更高。这就是著名的"法国密集种植体系"。

· **准备场地**　现代的苗床很简单，在地面上划出一块区域，四周用木板或枕木合围起来，用木桩固定，填入肥沃的壤土和堆肥。边界除了使用木质材料，也可以用石头、砖块或瓦片等材料堆砌。

　　建造苗床之前，要平整地面。挖出多年生杂草，用除草剂处理，或者用覆盖物覆盖以彻底杀死杂草。如果杂草丛生，可以用厚的杂草膜覆盖整个区域再建苗床，以防它们出现在苗床之间的小径上。

· **建造苗床**　调整苗床的方位，修剪周围的乔木和灌木，避免树枝遮挡阳光。理想的苗床覆土（距离地面的高度）大约为45厘米，如果你弯腰困难的话，也可以再高一些。苗床的宽度，以靠近苗床、伸出胳膊正好到苗床中间线的距离为宜，便于站在苗床外即可采摘，而不必踏进苗床内部。苗床的长度，按照你的意愿确定，但也不宜太长。花园里有墙面可以利用的话，苗床只需要建三面，可以最大限度地利用现有空间。

　　填土之前，用水平测量仪检测苗床是否平整，根据需要做出调整。用生物动力堆肥混合优质壤土，填充苗床，再用铁锹轻轻拍平整。

· **尽可能地利用苗床**　如果你有4个苗床，种植豆类、叶菜、根茎类蔬菜，轮作会更加容易。即使你只有一个苗床，也可以轮作，只要你记住什么地方种了什么。为了保持土壤肥力，可在需要的时候给苗床追加新的堆肥。由于苗床没有被踩踏过，土壤较为疏松，使用小工具，比如园艺小铲子，就能轻松作业。

建造苗床之前，一定要确认所种植的植物对光照的喜爱程度，有的植物喜欢全天候的日照，有的多叶植物则需要轻度的阴凉。

如果你想更轻松地照顾你的苗床，可以将其建在住所、仓库、车库、堆肥坑附近，如果浇水方便的话，那就更好了。

如果肥力足够，浇水及时，苗床的收成肯定好于普通的菜地，而且易于打理和修护。

# 制作堆肥

生物动力园艺的目的是维持土壤活力的循环，给植物提供营养，让植物从土壤中吸收、释放、再吸收，在每一个季节中循环轮回。在这个轮回的过程中，制作堆肥是必不可少的，可以再利用所有的有机废物：树枝、落叶、杂草，它们会自然地分解，回到生命开始的地方——富饶、生机勃勃的大地。

## 基本原则

厨余垃圾、花园废物和动物粪便，需要2～6个月的时间才能降解，当然，确切的时长取决于堆肥的制作方法和天气情况。细菌会先将堆肥垛分解出不同的成分。经过这个阶段，当细菌死亡时，堆肥垛冷却下来，真菌开始起主导作用。在蚯蚓的帮助下，真菌重新组建降解的有机物质，使其进入富含腐殖质的黑色泥土中，形成堆肥。

## 场地和准备工作

堆肥的形成需要大量的蚯蚓，因此选择比较阴暗潮湿的地方制作堆肥，适合蚯蚓生存。堆肥点也不要离厨房太远，否则在两点之间需要走很多的路。如果你没有合适的地方制作堆肥，一个鱼缸大小的蚯蚓箱是制作厨余垃圾堆肥的另一种选择。蚯蚓会吸收消化所有的食物残渣，包括肉类、蛋壳、液肥等。

优质的堆肥需要草质营养和木质营养的平衡。

## 建堆肥垛

清除所有杂草，把堆肥倒入土壤中，蚯蚓很容易钻入。如果有大量的残渣和充足的空间，建一个开放的堆肥垛是很容易的，垛的高度可以在你的腰部和胸部之间，宽

度可随意。如果堆肥残渣少，可以使用堆肥箱，堆肥箱有许多类型，比如木质贮槽、上有盖子下无底座的塑料堆肥箱、可以旋转又可以快速制作堆肥的堆肥桶。最好准备3个堆肥桶，一个放新添加的残渣，一个用来发酵，还有一个备用。如果只有一个堆肥桶，也可以制作堆肥，从上部不断地放入残渣，直到底部的堆肥形成。（详见第119页）

## 正确的材料

优质的堆肥需要均衡的养分：富含碳的木质材料，比如稻草、修剪掉的树枝、木屑；富含氮的绿色物质，比如落叶、修剪草坪的残渣、新鲜的厨余；农场动物的粪便，特别是牛粪，是最好的养分，因为牛的消化系统对它所吃的草有强大的再生作用。将一把牛粪放入一桶水中稀释，加入一些干料，比如修剪过的树枝，搅拌均匀后，倒入堆肥中。生物动力园丁还会加入6种特别的制剂，促使堆肥快速形成。（详见第80～113页，第132～133页）

## 管理堆肥

优质的堆肥不仅取决于合适的空气、水、温度，还取决于残渣的成分。如果堆肥太密实或过于潮湿，空气进不去，温度上不来，残渣就会黏糊糊的，散发出臭味；如果修剪的杂草铺得太厚，也容易失败，需要经常用叉子彻底翻一翻。当温度过高、残渣单一的时候，堆肥容易干燥，变成粉状，比如仅有稻草一种材料，没有加入其他材料，就容易发生这种情况。可以向堆肥洒水，也可以加入几层薄薄的动物粪便浸泡过的碎干草，再撒入一些土壤。新鲜的杂草、干枯的紫草、荨麻及落叶都可以加入。腐熟的堆肥应该是深色的，带有泥土的气味，挤压时不会落尘或出水。

## 制作盆栽堆肥

秋季清理苗床，为来年春季栽种做准备。盆栽的堆肥可以使用苗床上拔下来的成堆的植物茎叶。落叶、根茎、土壤一层一层地铺好，再加入动物粪便和用粪便浸泡过的干草，用铁锹轻轻拍打，挤压出空气，再加入一些生物动力堆肥制剂（详见第80～113页，第132～133页）。等到来年春天，它们将会腐烂分解成很细腻、暗黑色的物质，可以用作盆栽堆肥。

## 种植绿肥植物

光秃秃的土壤很容易受到侵蚀，养分和腐殖质都会迅速流失，杂草会恣意生长。但是，播种绿肥植物，可以避免这种问题。绿肥植物可以增加土壤养分，让土地休养生息。它们还可以改善土壤质地，有助于排水和留住养分，促进有益微生物的生长。绿肥植物因为可以保护土壤，因此又被称作"肥田植物"或"覆盖植物"。

固氮豆科植物是最常用的绿肥植物。在它们开花之前砍掉植株，埋入地中或者覆盖地面，有助于吸引蚯蚓。为了增加土壤中的氮含量，可在秋季或春季，播种车轴草、野豌豆、羽扇豆或紫苜蓿。野豌豆和羽扇豆是最顽强的植物，车轴草最适合白垩土，天蓝苜蓿可以在秋季播种。

燕麦和大麦习性强健，有着浓密的细根，可以把水和空气输送到土壤里，有助于促进蚯蚓蠕动，抑制杂草生长，可以在秋季至来年春季播种。改善沙质土壤，稳定边坡，它们是最理想的选择。

绿肥植物也可以用来松散过于密实的土壤。比如，在建造苗床以前，于春季或秋季播种紫苜蓿，让它生长1～2年，它的根可以长至7米，松散土壤，将营养物质拉近土壤表面。土壤的表层养分变得丰富，蚯蚓易于蠕动，为上层的苗床打下良好的基础。

红车轴草是一种豆科植物，可固氮。在它开花结果的时候砍掉，刨出根，制作绿肥。

# 如何浇水

　　植物和人类的共同之处在于二者的身体都是主要由水构成的，没有水就无法生存。对于花园来说，充足和便利的水供应是必不可少的。此外，我们应该尽可能多地收集和储存雨水，以节约水资源。

## 植物用水的准备

　　植物通过叶片从空气中获取少量的水，通过根系从土壤中吸收大量的水。土壤接收的大部分天然水为雨水和地下水。在干旱的时候，我们通常用含有氯和氟的自来水灌溉植物。人们在水中添加氯使水可安全饮用，而氟化物则是为了保护牙齿。

　　但对于花园里的植物和土壤生物来说，它们更喜欢无添加的水，雨水是最好的。然而，有时可能需要使用自来水，虽然不能去除氟化物，但是在灌溉前，可以使用一些方法降低其中氯的含量：早晨在容器中装入水，通过摇晃换气，使氯化物裸露在空气中，到傍晚的时候，就可以使用了。使用生物动力技术，长时间、有节奏地搅拌水，可以很好地换气。（详见第54～55页）

## 收集雨水

　　自来水需要成本，但是雨水是免费的，一般多回收屋面雨水。但是，如果你住在城里的话需要注意以下几点。首先让雨水冲刷屋顶一段时间再收集，以免雨水中混有污染物或杂质。即使屋顶是干净的，也要等5～10分钟再开始收集雨水到水桶中。其次，水桶要有盖子，用来保护儿童、宠物和野生动物的安全，同时也可以防止蚊子、蜻虫、藻类等的污染。

早晨浇水以确保土壤湿润，让植物焕发活力。

确保水分供给最需要的地方。在干旱的植物附近，垒起储水坑。

在土壤表面铺一层覆盖物，防止水分蒸发，保持土壤表面的温度和湿度。先浇水再覆盖。

## 浇水的频率和用量

与其每天浇一点水，不如一次性浇透，这个方法可减少水分蒸发。有些植物稍稍控水反而有利于其生长：适当缺水能促使根系生长，扎根土壤深处获取水源，同时也可吸收更多的微量元素，尤其是在给土壤定期补充堆肥和喷洒生物制剂的情况下。这是植物保护自己的一种生存方式。浇水前，可以用手指戳一下，以评估土壤的干湿程度。如果手指上沾有泥土，说明土壤仍然很湿润。

某些一年生植物，特别是叶类植物，像生菜和菠菜，更喜欢湿润的土壤。缺水的时候，它们不再长新叶，而是长高，结籽。任何植物都不想打破生物进化的第一法则——繁衍后代。结籽意味着植物即将死去，吃起来会很苦。土壤干旱也会影响根类植物的生长，例如胡萝卜，它的根在度过干旱期后会大量吸水而造成膨胀、破裂。

花园里土壤干燥的速度除了受天气、季节和纬度的影响，最主要取决于土壤的类型。沙质土壤干得最快，而那些富含黏土的土壤则含有大量的水分。不幸的是，如果经过踩踏或者在土壤很湿润的时候作业，黏土很容易变得板结，不利于植物吸收水分。理想的土壤是肥沃的壤土（详见第9页），既有保水的黏土颗粒，也有过滤水的沙子，两者比例均衡。向土壤里添加足量的堆肥，可以改良沙土和黏土。

## 何时浇水

浇水的最佳时间是清晨或傍晚。储藏的雨水，其最大的优势在于温度，一天中的任何时刻，雨水的温度和土壤的温度都是一致的。这非常适合那些喜热的植物，比如番茄、茄子，如果土壤的温度突然变化，它们的根会骤然收缩。应避免在一天中最热的时候浇水，虽然一部分水会直接渗入土壤，但是大部分会蒸发。当土壤中的水分蒸发，植物严重缺水时，疾病更容易传播，比如霜霉病、灰霉病（念珠菌）。

## 节约水资源

频繁浇水会很累，如果你用自来水的话，也会产生费用，因而应该尽量有效地节约用水。

如果你所在的地区很干燥，应避免种植喜水的植物，比如菠菜。能够适应干燥环境的新西兰菠菜，可以作为替代品。生菜、罗勒等喜水的植物，可以种植在树下等比较阴凉的地方，也可以种在比较高大的植物中间，比如番茄、茄子、甜玉米。

浇水时确保水分可以到达植物的根部。水一定要浇透土壤，而不仅仅是湿润叶片，否则会传播疾病。浇水后用稻草或者堆肥覆盖土壤，可以防止水分蒸发，保持土壤湿润。

# 增加生物多样性

生物多样性和物种平衡密不可分：一个多元化的花园是一个平衡的花园，从大地到天空，涵盖每一部分。其中健康的土壤是关键，蠕虫、真菌和其他微生物，都会影响植物的健康。地面之上，传粉昆虫及有益的肉食性昆虫都发挥着重要作用。不是每一种生物都对你有利，但是对于一个和谐的生态花园来说，它们都是必要的。

## 吸引传粉昆虫

很多开花植物依靠蜜蜂和其他昆虫传粉。如果没有传粉昆虫，花朵不会受粉，果实不会形成，这就意味着没有收成，也就没有种子可以收集和播撒。一个健康的传粉昆虫种群对花园是必要的，它们将给花园带来更好的收成、更高的产量和更多优质的种子。

安装蜂箱以吸引蜜蜂来到你的花园是一个万无一失的方法，但这个工作需要技巧和敬业精神。也可以在你的花园里建造"蜜蜂旅馆"，为各种各样的蜜蜂提供住所。可适当多种植一些色彩鲜艳的花卉（通常富含花蜜），还可以选择虞美人等花瓣平展的花卉。多播种不同的花卉，尽可能多地吸引传粉昆虫。

## 花园里的小鸟

小鸟可能被看作花园里的敌人，它们会攻击新栽种的植物，啄食果实和种子。其实，它们也在做着相当有价值的工作——消灭害虫的幼虫和蛹，特别是那些在土壤中过冬等着春天攻击庄稼的害虫。小鸟所吃的果实和种子，跟它们拯救的植物相比，可以忽略不计。它们也是生态系统的一部分，有助于维持花园的生态平衡。

吸引小鸟的最好的办法是安装巢箱和喂食站。巢箱最好安装在背风、不完全向阳的地方，周围有乔木和灌木，便于小鸟栖息。尽量安装在足够高的墙上或树上，防范猫咪侵扰。春季，在小鸟入住以前，取下巢箱，进行清洗，以免传染疾病。

喂食站会像磁铁一样吸引小鸟。安装时，也要注意防范猫咪的侵扰。可以给小鸟提供坚果、种子和肉类作为食物，不要面包和牛奶，加工过的食物容易导致疾病。喂食器须每天清洁，清除食物残渣，预防疾病的传播。还要每天给小鸟准备充足的水，供它们饮用和沐浴。

## 创造野生动物的栖息地

提高生物多样性最好的办法，就是在花园中为野生动物提供合适的栖息地，让它们可以在这里睡觉、进食、饮水、冬眠。地方不需要很大，但是你能提供的地方越多，意味着栖息的动物种类越多。

池塘为青蛙等两栖动物提供了住所，它们会捕食花园中的害虫，特别是蛞蝓。池塘也可以吸引其他喜水的动物，比如刺猬和小鸟。不要在池塘中投放金鱼，因为它们喜欢吞食小蝌蚪。注意确保儿童、宠物和野生动物的安全。

花卉和果树为昆虫、鸟类和一些哺乳动物提供花蜜和食物。种植各类常年开花、挂果的植物，保障丰富的天然食物储备。

花园的小角落是人类不常去的地方，没有干扰，野生动物喜欢把家安在那里。选择一个安静的角落，堆放一些木头，让甲壳虫在这里安家，它们会贪婪地食用蛞蝓卵、地老虎和马铃薯甲虫。秋季落叶后再修剪灌木丛，收集树叶堆放到树篱下面或花园安静的角落里，吸引小刺猬在此冬眠。

将巢箱和蜜蜂旅馆固定在花园的适当位置。任何栖息地对野生动物来说都是宝贵的，不一定要完全是天然的。

将你的花园的某些地方打造成野生区，让植物自然生长。

将蜜蜂旅馆安装在某个能够挡风遮雨、附近开满了富含花蜜的鲜艳花朵的角落。

巢箱一旦安装好，小鸟会年复一年地来此栖息。

## 家禽

任何花园都可以饲养家禽，只要你有时间和空间。家禽可以提供肥料，并且有助于控制害虫。然而还是得小心注意它们的健康与安全，防止感染疾病，这些都是需要花费时间和精力的。对于富有经验的生物动力园丁来说，饲养家禽也许很轻松呢！

# 伴生种植

植物也像人一样，天生有偏好。有些植物是可以互相促进生长、保持健康的好伴侣；有些植物没有什么特别偏向，与任何植物都可以一同种植；有些植物则要避免共植，因为它们相互会产生负面影响。为你的植物选择合适的"同伴"将有助于防治害虫，甚至可以改良某些植物的口感。

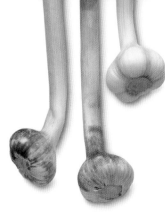

很多花园植物可以和大蒜一起种植，大蒜可以防治吸食植物汁液的蚜虫。

## 伴生种植，高效利用空间

伴生种植即把特定的植物种在一起，不仅最大化地利用了空间，还充分利用了生长季节。伴生种植的方法十分有效，有的植物之间可以互相促进生长，又或者生长速度不同，可以有效利用时间差。这种蔬菜种植方式特别适用于较小的菜地和苗床。

### "三姐妹"种植法

这种经典的蔬菜搭配方式是由美洲原住民开发出来的。将玉米和菜豆并排种植，玉米为菜豆提供支撑，菜豆的根瘤菌可吸取并固定空气中的氮，转化成养分，提供给玉米。第三个"姐妹"是南瓜或西葫芦，扮演覆盖地面的角色，为玉米和菜豆的根部土壤遮阴，防止杂草滋生。

### 填闲种植

菠菜、生菜等生长迅速的绿叶蔬菜可以播种在豆类、卷心菜等生长缓慢的植物间。填闲种植不仅可以增加植物的种类，错开收获的时间，还可以抑制杂草生长。

金盏花

## 驱除害虫的植物

种植伴生植物是控制害虫的有效途径。其中许多植物可以提供一道防线，保护你的菜园。

· **艾菊**可以防治卷心菜毛虫。

· **旱金莲**可以防止棉蚜攻击苹果树，阻止烟粉虱啃食番茄。它的根系释放到土壤中的化合物，可以清除土壤中的害虫。

· **柠檬罗勒**也可阻止烟粉虱啃食番茄。

· **迷迭香、薰衣草、薄荷**等有着强烈香味的植物，可以保护茄子和甘蓝免受跳蚤、甲虫的反复侵扰。

· **艾草**也可以驱赶跳蚤、甲虫，但切记不能栽在芸薹属植物的附近，它们不能共生。

· **大蒜、洋葱、韭菜和细香葱**，都可以释放化合物，进入土壤，驱赶害虫。

· **洋葱、韭菜和细香葱**的叶子释放的气味，可以驱赶胡萝卜类植物中的茎蝇。

· **胡萝卜**叶子释放的气味，可以驱赶洋葱蝇和韭菜蛾。

细香葱

## 吸引肉食性昆虫的植物

除了驱除害虫，植物还可以用来吸引肉食性昆虫。可以通过种植荨麻、蒲公英、西洋蓍草来吸引瓢虫，它们会贪婪地食用蚜虫，还会在花园里再次产卵，繁衍。把瓢虫喜欢的艾菊种到花盆里，放到易生蚜虫的植物旁边，让瓢虫去消灭蚜虫。

为了吸引草蛉、花蝽和食蚜蝇，可以种植一些开花的香草，如茴香、莳萝、欧芹、鼠尾草和香菜。这些植物也会吸引寄生蜂，寄生蜂会吃花粉，并会产卵在白蝴蝶的幼虫中，防止它们侵扰植物。

让植物开花结籽，这是吸引益虫的另一个好办法。

西洋蓍草　　　　　艾菊

金盏花

薰衣草和迷迭香

灯盏细辛（菊科）　　　　　醉鱼草

## 伴生绿肥植物

有些绿肥植物的根系会释放化合物，抑制杂草，防范通过土壤传播的病虫害，至少将它们控制在较低的水平。可以在秋季播种绿肥植物，来年春季砍掉，埋入地里。像荞麦（右图）和钟穗花这样的绿肥植物，也可以吸引害虫的天敌，从而抑制害虫。请注意，要在它们结籽之前就收割，再埋入土壤。

## 伴生芸薹属植物

为了促进平衡生长，可以将芸薹属植物种植在艾菊等芳香植物附近。芸薹属植物也适合陪伴开花自由的植物，比如雏菊、灯盏细辛和醉鱼草。

# 保存种子

　　花园或者菜地里收集的种子，可以保存起来，来年播种，这是保证自给自足最简单、经济的方法，也是打造可持续生态圈的第一步。每一个花园，每一块菜地，都应该成为一个自给自足的有机体，而保存种子，是生物动力法的核心部分。自己保存种子可以节约费用，保存优质的种子，甚至还会改良植物品质。

茴香的草种

结籽的小白菜

### 了解种子

　　市面上大部分种子是"F1 杂交种"，是为了强化生长而培育的。用这些种子培育的植物，有着统一的形状和颜色，在精确的时间成熟。虽然可以收集它们结出的种子，但是它们的后代表现不佳，繁殖力弱，产量较低，而且颜色、形状、味道都非常奇怪。因此，F1种子每年都需要购买，无法做到自给自足。

　　另一种方式，是播种自由授粉的种子——来自同类型植物间的自然授粉。和 F1种子不一样，它们能适应低投入的有机生物动力园艺。如果有足够多的植物开花结籽，你收集的种子每年就将生长成品质优良的植物。这意味着，虽然购买自由授粉的种子比较昂贵，但是你只须购买一次，之后可以每年保留自己的种子。而且，你还可以跟朋友们交换种子。

　　自由授粉的种子也被称作"遗产"种子，它们也许来源于我们的祖辈，在农业生产工业化之前（1940年以前）。而20世纪初培育的蔬菜"遗产"种子，只有3%仍然在繁衍。

### 为什么要自己保存种子

　　自己保存种子的一大优势是比较经济。很多种子都很昂贵，如果你有种子，可以和朋友们交换。通过挑选优质的种子，可以培育出一种特别适合你花园生长条件的品种，还可以防治病虫害。经过一代又一代的种植，植物不断地适应花园的环境，生长更加容易，也更加稳定，且具有高品质。

　　选择优质的植物种子，还可以让你在植物的品质上有更多选择，比如，植株的高度、味道、质地等。

### 种子存储技术

　　保存种子的第一步是让植物开花，这对于番茄等果

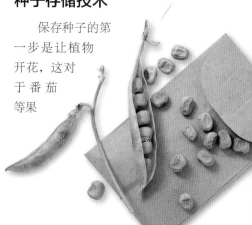

类植物来说很正常，但是叶类和根类植物通常在收成后很长时间才会开花。这就意味着，地面上要留一些尚未收割的植物，当作是对花园未来的投资。

容易采种的植物包括番茄、西葫芦、南瓜、西瓜、蚕豆、豌豆等一年生植物，它们在第一年结籽。拒绝 F1 种子，选择自由授粉的种子进行播种，在每个种植季结束的时候，收集它们的种子，要注意一定要等到果实成熟的时候再采收。对于那些吸引传粉者的一年生开花植物，如旱金莲和罂粟花，一旦花朵凋谢，就应该及时采种。轻轻拍打花头，将种子放入纸袋中。

番茄、西瓜、黄瓜、西葫芦等软瓜植物采种时，可以挤出种子，去除汁液，放在毛巾或旧布上晒干，也可以放在硬纸板上晾晒。未干燥的种子，难以保存。

二年生植物，比如洋葱、蕉青甘蓝、芜菁、欧洲防风，可按常规的方法播种。它们会经历一个冬季的生长，在来年春季开花。为避免冻伤，可以移栽，来年春季再重新下地栽种。如果这些二年生植物在当年结籽，则需要放弃，因为这时的种子质量很差。

为防止交叉授粉（造成亲本和后代之间的变异），应避免种植2种或2种以上同一类植物。比如芸薹属植物，都在春末结籽，潜在的危险是，昆虫可以在不同的芸薹属植物之间交叉传播花粉，比如卷心菜、抱子甘蓝。为了防止这种意外发生，只保留你需要采种的植物的花朵，摘除其他相关植物的花朵。也可以用纸袋或细密的纱网覆盖，防止昆虫传粉。

果类植物的果实成熟后，才能采种。

植物开花后才能结籽，一年生植物栽种第一年就会开花。二年生植物，比如洋葱，第二年才会开花结籽。

结荚的植物，如豌豆等豆类，应该等它们成熟、变干以后，采摘种子。

种子必须完全成熟，并且完全变干，才可以存储。豆类可以在阳光下晾干，也可以在室内铺开后让其慢慢变干。

番茄等果类植物采种时，必须经过流动自来水的冲洗，去除果肉和筋络。

用园艺无纺布覆盖开花的植物，是防止交叉授粉的有效手段。用石块紧紧地压住无纺布的边角。

# 用植物疗愈植物

使用简单的植物喷剂，是保持花园健康的一种有效方法，当然，你也可以用自己的配方制作植物喷剂。浸泡液和液肥能帮助植物提高自身的自然防御机制，抑制真菌孢子的萌发，并提供一个易于吸收的养分来源，促进植物生长。

## 如何制作植物浸泡液

浸泡液以微妙的方式发挥作用，其制作方式很简单，将植物的叶、芽、花，甚至根，放入煮沸的雨水中，或者将沸水浇在这些材料上即可。

1.收集植物的有用部位。图中，荨麻叶浸泡液可以促进植物强健生长，减少虫害侵扰。

2.加入沸水，浸泡荨麻叶，放置几分钟时间，或者等到水变凉。

3.倒出浸泡液，将荨麻叶放入干净的麻布中，尽可能多地挤出汁液后将残留物加入堆肥中。也可以用适量的水将浸泡液稀释，用作喷剂。

## 制作植物汤剂

坚硬、木质、多刺的植物材料，在开水中也不会变得松散，最好炖煮成汤剂。将树皮、芽、叶、花放入冷水中，大火加热至沸腾，小火煮一定的时间，萃取需要的物质。

1.将材料切碎或碾碎，这可使有益物质更容易被萃取出来。图中山葵的根，一般用来制作强力杀菌剂，可用于保护李子等果树，防止果树根部腐烂。

2.将切碎的材料放入锅中，加入冷水，大火烧至沸腾后转小火烧10~60分钟。盖严锅盖，防止有益物质的蒸发。

3.将锅端离炉子，盖严盖子，直到汤剂完全冷却。滤出液体，植物残渣可作堆肥。汤剂可稀释制作成喷剂。

## 制作植物肥料和液肥

液肥或浆料，可为植物和土壤提供更容易消化吸收的养分。对于盆栽植物和饲料作物来说特别好，因为它们在土壤中可能得不到充足的养分。液肥也可以直接浇在土壤中，可软化土壤。为了制作液肥，可将营养丰富的植物，如荨麻、紫草，在水中浸泡分解，释放它们的营养物质。

1.收集植物的茎和叶，图中的植物为紫草。

2.把叶子装进一个不漏水的容器里，装得越多，肥料的营养物质就积累得越多。用石头压实叶子后加入水，让它发酵约10天。

3.将液体滤出，用适当的雨水稀释后即可施用。

生物动力园丁可以使用帮助植物分解的添加剂，制作出更好的液肥。（详见第130~131页）

# 西洋蓍草

　　除了可以为花园增色，西洋蓍草还是一种重要的生物动力植物（详见第80～85页）。用其富含硫化物的花朵制作的浸泡液，可以防治真菌感染，比如主要危害一些观赏植物（如玫瑰）及可食用植物的白粉病。西洋蓍草浸泡液可以帮助果树增强抗病性，还可以帮助其进入下一个开花期，维持平衡、高质的收成。

## 制作方法和应用

　　·**将一把西洋蓍草花**在1升开水中浸泡大约10分钟。滤出浸泡液，用10倍的水稀释后以喷雾形式喷洒在植物上，特别是最容易感染真菌的上层叶子。

　　·**在花季的早晨**为果类植物施用西洋蓍草浸泡液，增强体质。当果实快要成熟的时候，也就是等番茄和草莓果实由青变红的时候再次喷用。西洋蓍草浸泡液会让这种转变更加顺利，茎也变得更加坚挺。

　　·**混合西洋蓍草和荨麻**，制作一种全面预防疾病的喷雾。西洋蓍草可防治真菌感染，荨麻可防治虫害，特别是螨虫。将50克西洋蓍草花放入5升冷水中煮沸，加入50克荨麻，端离炉子。滤出浸泡液，用10倍的水稀释浸泡液。适用于喷洒所有植物。

# 大蒜

　　在花园里，大蒜作为一种伴生植物有许多用途，也可以用来制造天然杀菌剂、驱虫剂和杀虫剂。除此以外，大蒜还是一种食物，有益我们的健康，是我们每天会吃的东西。不过因为它的味道，食用大蒜之后，我们在说话和呼吸的时候都应该和朋友保持距离。

## 制作方法和应用

　　·**制作防霉剂**（主要针对灰霉病），将三四个切碎的蒜瓣泡入1～2升冷水中，2天后滤出液体，直接喷洒，不需要稀释。

　　·**防治葡萄虫、苹果蠹蛾，并可驱赶蜗牛。**将2个蒜瓣拍碎后，浸泡在一杯橄榄油中，2天后将橄榄油倒入一瓶温水中，使大蒜乳化，摇晃均匀。静置2天，避免阳光直射。使用时，用20倍的水稀释，喷洒受侵害植物的叶子和周围的土壤。

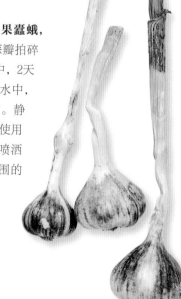

# 细香葱

和大蒜一样，细香葱应该永远都在花园里有一席之地，既可以食用，也可以帮助其他植物免遭害虫和疾病的侵扰。用其制作的液体绿肥可以驱赶胡萝卜蝇，也可以抑制蚜虫、甘蓝蝇和螨虫。

## 制作方法和应用

· **制作液肥**。将一把细香葱切碎，浸泡入1~2升水中，1周后，滤出液体，直接喷洒，不需要稀释。

· **在收割胡萝卜之前**，对苗床喷洒细香葱液肥，肥料能掩盖拔胡萝卜时释放的气味（会吸引胡萝卜蝇），避免胡萝卜蝇的叮咬。

· **使用细香葱浸泡液防治蚜虫、甘蓝蝇和螨虫**。将25克的细香葱切碎，浸入1升的温水中，静置24小时。当叶类植物（比如生菜）快要收割的时候不要喷洒，否则会留有细香葱的气味。

# 苦艾

苦艾最为知名的是其绿色、有苦味的油，可用来制作令人上瘾的酒精饮料，在19世纪末期的法国盛行。苦艾的气味能驱除蚂蚁、蛞蝓（鼻涕虫）和黑豆蚜虫。天气炎热的时候，也可以抑制蜘蛛螨对果树叶子的侵扰。

## 制作方法和应用

· **制作汤剂**，将50~100克的苦艾叶、茎或花朵，浸入1~2升的水中。浸泡一个晚上后，煮沸，文火烧15~30分钟。滤出残渣后，用10倍的水稀释。

· **每周喷洒两三次**，防治果树螨虫、樱桃果蝇和豆类蚜虫。

· **将汤剂的残渣放置一边**，避免儿童碰触，让它在阳光下分解。不要放入堆肥中，因为它的驱虫效果会影响堆肥中的微生物，不利于堆肥形成。

⚠️ **注意**：苦艾酒含有侧柏酮毒素，大量饮用会造成抽搐。

# 桦树

桦树既可以用来调节植物体内多余水分的流动，也可以进行外在的清洁，因而可以防治苹果黑星病和葡萄的腐烂与霉变。

## 制作方法和应用

· **防治果树病害**。将100克的桦树材料（皮、花、叶）加入1升的水中，煮20～30分钟。滤出液体，用10倍的水稀释，喷洒果树和其根部的土壤。

· **收割受感染的植物后**，将稀释后的浸泡液喷洒在花园中，防治真菌性疾病，可以防止下个收获季节出现同样的问题。桦树材料（皮、花、叶）和水的比例为1∶10。

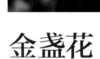

# 金盏花

金盏花是一种广泛种植的开花植物，不仅看起来很漂亮，而且会吸引许多有益的昆虫。在野外，金盏花每年都会如期开花，如果夏季过于炎热，冬季过于寒冷，它们就会紧紧地趴在地上。生长在田野中的金盏花和洋甘菊都非常善于利用和积累土壤中的养分。正是这些养分，可以促进花园里那些可食用植物（番茄、甜玉米、茄子、辣椒、马铃薯、甜菜和芸薹属植物）健康生长。

## 制作方法和应用

· 将200克**金盏花**的嫩芽、叶、花（花更好）浸泡在4升水中，放置7～10天。滤出液体，用6倍的水稀释后喷洒植物的叶子。

# 洋甘菊

　　洋甘菊茶对我们有镇静和舒缓神经的作用，对于植物也有同样的功效。它既可用于预防，也能用来治疗。将洋甘菊浸泡液直接喷洒在植物表面，或者洒向即将播种或移栽的田地，其中的硫化物可以防治真菌，钙化物会刺激植物的愈合过程，促进叶类植物、花卉和易受真菌影响的蔬菜健康生长。此外，洋甘菊富含钾元素，有利于所有花卉和结果类植物。为了达到最好的效果，可在植物开花前后各喷洒1次洋甘菊浸泡液。（详见第86～91页）

## 制作方法和应用

　　**·制作洋甘菊浸泡液**。将100克新鲜或者干枯的花朵，放入1升热水中，浸泡5～10分钟。滤出浸泡液，用10～20倍的水稀释。洋甘菊浸泡液最好现做，在早晨刚刚日出的时候，喷洒在植物的顶端。

# 薄荷

　　薄荷是一种有趣的植物，具有清新的味道，可帮助改善周围空气；另一方面，作为伴生植物，薄荷可驱赶有害的昆虫。薄荷浸泡液和液肥可以用来抑制飞虫，比如蚜虫、粉虱、葡萄虫。因此，混合种植薄荷有各种好处，而且不必担心它在花园里四处蔓延。

## 制作方法和应用

　　**·制作薄荷浸泡液**。将100克撕碎或者切碎的薄荷叶子放入1升水中，用文火慢煮，或者直接用热水（煮沸片刻后）浸泡，以免烫伤叶子。让它自然冷却，第二天早上滤出浸泡液，直接喷洒，不需要稀释。

　　**·制作液肥**。将100克撕碎或者切碎的薄荷叶子放入1升温水中，放置室外3～4天。使用时用4倍的水稀释。

　　**·使用薄荷可以增强其他植物浸泡液的功效**，其抗氧化性能延长浸泡液的有效时间。在稀释过的其他浸泡液中，放入几片薄荷碎叶，使其充分浸泡，1～2小时后就可以使用。

# 松子驱虫剂

你可以利用当地任何松树的种子制作驱虫剂，帮助植物免受蛞蝓的侵扰。对于蛞蝓来说，喷洒过松子驱虫剂的叶子会变得很难吃。和其他植物药剂一样，松子驱虫剂的制作方法相当简单，所需要的只是3克的松子和1升的雨水。

1. 从松果中取出松子，去壳，取出松子仁。

2. 称取3克的松子仁，用杵和臼将其碾成很细的粉末。

3. 逐渐加入少量温雨水至松子仁粉末中，不停地搅拌。

4. 将混合物倒入一个大瓶中。

5. 把剩余的雨水倒进瓶子里。

6. 盖上瓶盖并用力摇晃瓶子5分钟，让其中的混合物混合均匀。

7. 为了促进发酵，倒入广口瓶中，盖上纱布，让其充分接触空气。放置于向阳的地方，让其发酵2周，期间偶尔摇晃几下。

**2周后**

8. 滤出液体，植物残渣可用作堆肥。

9. 用10倍的雨水稀释，等待20分钟，让药效达到最佳。

10. 将稀释后的液体直接喷洒在植物表面，防止蛞蝓侵扰。

⚠ **注意：** 喷洒过松子驱虫剂的植物叶片，几天之内尝起来可能有树脂的味道。因此在临近采收的时候，最好使用其他方法防治蛞蝓，比如在植物周边地面撒上一圈由碎蛋壳或咖啡渣组成的保护环。

# 橡树皮

　　温暖的季节，如果遇到连续几日降雨，伴随着高湿度，很快就会引起霜霉病的爆发，易感病的植物有番茄及芸薹属植物，包括卷心菜、花椰菜、球茎甘蓝、西蓝花、抱子甘蓝、芜菁和萝卜。橡树皮在生物动力花园中占有重要的地位，其含有的单宁物质，可消毒杀菌，防止啃食性昆虫的侵扰。关注天气预报，及时喷洒橡树皮汤剂，既可预防霜霉病，也可以防治其他病虫害，比如灰霉病、白粉病（详见第96～101页）。

## 制作方法和应用

　　·**制作橡树皮汤剂**。将一把橡树皮分成小块，放入汤锅中，加水煮沸，文火煮20分钟。滤出汤汁，用9倍的水稀释后喷洒植物。

# 接骨木

　　接骨木也是一种良好的伴生植物，它的花和浆果可以用来制作美味的葡萄酒，还可以用来抑制虫害。摘取一片叶子，挤出汁液后涂抹在皮肤上，即可驱赶蚊蝇。它的嫩芽、叶、花可用来制作两种防治虫害的喷剂。

## 制作方法和应用

　　·**制作接骨木汤剂**。将100克的叶、嫩芽、树皮，放入1升水中，文火煮20分钟，提取其中的单宁物质，可用来抑制蚜虫和蓟马。滤出液体后可直接喷洒，不需要稀释。

　　·**制作接骨木液肥**。将100克接骨木的叶子和其他绿色的部分浸入1升水中，1周后滤出液体，用4倍的水稀释。喷洒植物或土壤，可减轻白粉病的侵害，抑制蚜虫、蓟马、白粉蝶的侵扰。

　　·**新鲜的接骨木树叶和接骨木液肥**均有助于防范老鼠、仓鼠等穴居动物的侵扰，喷洒在它们居住或聚集的地方即可。

# 紫草

紫草富含钾和硼等微量元素，是所有开花结果类作物都需要的营养元素。紫草和荨麻，是花园里用处最多、功能最全、成本最小的两种药用植物。交替使用它们，可以获得全面的养分。向堆肥中加入紫草，可以提高堆肥的活力；将紫草作为覆盖物覆盖在番茄和马铃薯苗上，可以滋养植物。在紫草刚开花时就采收叶片，此时的叶片营养成分最丰富，将叶片在水中浸泡，可以制作出有效的营养液，特别是对果类植物非常有效，比如黄瓜、西瓜、番茄等。

## 制作方法和应用

· **制作紫草液肥**。将1千克的紫草叶子浸入10升雨水中，发酵4~10天，期间偶尔摇晃。之后滤出液体，使用之前稀释。

· **使用紫草作为叶面肥**，可帮助植物恢复生机。暴风雨过后，用19倍的水浸泡紫草，直接喷洒在植物叶子上。

· **用紫草制作营养液**。用8~9倍的水浸泡紫草，直接喷洒土壤。在雨后的下午使用，效果最佳。

# 艾菊

艾菊不仅吸引益虫也可驱除害虫。在狗舍旁放置一丛新鲜的艾菊，其叶、茎和花都可以驱赶虱子和跳蚤；放置在卧室的床边，可以防治螨虫。它的花可以用来制作成新鲜的浸泡液、汤剂、冷萃取物和液肥，也具有同样的功效。

## 制作方法和应用

· **艾菊的冷萃取物是一种有效的杀虫剂**，可以防范卷心菜、抱子甘蓝和其他芸薹属植物易患的烟粉虱。它也可以作为一种杀菌剂，防治锈病和霜霉病。将一把艾菊叶切碎，放入1升冷水中，2天后，可以直接喷洒，不需要稀释。

· **将艾菊制作成汤剂后喷洒**，可以防治蠹蛾和它的幼虫钻进成熟的梨和苹果的果肉中，抑制跳蚤袭击卷心菜和萝卜的嫩叶，也能预防跳蚤啃食干旱中的花朵。将艾菊叶在冷水中浸泡24小时，然后煮沸，文火煮片刻，冷却后滤出液体，直接喷洒在植物上。

· **艾菊液肥具有杀菌的功效**，可防治番茄和芸薹类植物的霜霉病。将艾菊叶在冷水中浸泡7天后滤出液体。喷洒之前，用10~20倍的水稀释。

# 蒲公英

蒲公英的花朵富含钙、铜、铁、镁、钾和硅，生物动力园丁会使用它们制作一种特别的堆肥制剂（详见第102～107页）。用蒲公英花制作的浸泡液，可刺激植物的生长，特别是在植物刚刚长出嫩叶的时候，如花茎甘蓝、卷心菜、小白菜、马铃薯和李子。蒲公英喷剂可以改善植物可食用部分的口感，促进植物的叶片吸收光和热，使叶片更强壮、更坚挺，能够更好地抵抗疾病，特别是在多雨潮湿的季节。

## 制作方法和应用

· **制作蒲公英浸泡液**。清晨，当蒲公英花还没有完全开放的时候，采摘一把，浸入1升的热水中，5～10分钟后，滤出液体，用4倍的雨水稀释。

· **用稀释后的浸泡液喷洒植物表面和周围的土壤**。为了达到最佳使用效果，宜在清晨，最好在月球消失之前使用（详见第46页）。

# 荨麻

除了紫草以外，荨麻是花园中最常用于治疗其他植物的植物，因为它富含植物必需的营养成分：铁、锰、钙和钾。对于生物动力园丁来说，荨麻是一种重要的植物（详见第92～95页）。荨麻花朵初绽时营养价值最高，可在此时采摘它的叶和茎。

## 制作方法和应用

· **荨麻的浸泡液和汤剂**能帮助调节植物的生长，使其免受虫害和疾病的侵扰。制作浸泡液：将100克的叶子浸入1升热水中，10分钟后滤出液体。制作汤剂：将100克的叶子浸入1升冷水中，煮沸后用文火煮3～10分钟。

· **制作荨麻冷萃取物**。将100克的荨麻叶子浸入1升冷水中，24～36小时后即可使用，用来抵御蚜虫对果树和蔬菜的侵扰。

· **制作液肥**。将荨麻叶子浸入水中（叶子和水的比例为100克／升），放置在阳光下晒4～10天。之后滤出液体，用10倍的水稀释后喷洒植物表面和土壤，以刺激植物根部的生长。为了防止炎热和严寒对植物的损伤，同时防治萎黄病，可用25倍的水稀释滤出后的液体，直接喷洒在植物表面，让植物重新焕发活力。

# 天然制剂
## 海藻液肥

在花园里用海藻或海带做肥料，是一个聪明的办法，因为它们能够将被雨水冲刷流失的营养物质重新带回到土壤中。海藻富含钾元素，对于水果及果类蔬菜（比如番茄、黄瓜、青椒等的生长）非常有益。此外，海藻可以帮助植物顺利度过生长周期中的重要环节，比如，移植后、开花前、果实的发育和成熟，以及采收以后，在这些阶段为植物补充肥力。

1. 将干燥的海藻或海带，倒入盛满雨水的抗腐蚀的水桶中。海藻和水的比例为50克/10升。

2. 充分搅拌。因为海藻和海带都是水生植物，所以它们在水中很容易形成液肥。将水桶放到室外比较暖和的地方，加速发酵的进程。

3. 用布或者透气的盖子覆盖水桶，6~8周后，就会形成褐色的液肥，散发着令人愉快的、甜咸的味道。用10倍的水稀释肥料，喷洒在植物周围的土壤中。

# 堆肥浸泡液

堆肥中充满了有益的微生物。把堆肥埋进土壤的时候，这些微生物就在花园里四处散播，可以提升土壤肥力，促进植物生长。堆肥浸泡液和液肥也是非常有效的，而且很容易制作，在整个生长季节，它们能为花园提供营养和有益的有机物质。

1. 在一个网兜里装满荨麻枝叶，荨麻富含铁、锰、钙、钾等能够焕发植物生命力的营养元素。

2. 在第二个网兜里装满紫草，以提高堆肥浸泡液的氮含量。

3. 把1千克完全发酵的优质堆肥装进长筒丝袜或网兜里。长度和图1、图2中的袋子相同。

4. 用一根长木棍串起装有荨麻、紫草、堆肥的网兜，浸入装有10升雨水的桶中，确保荨麻、紫草、堆肥跟雨水充分接触。

5. 用麻布覆盖桶口。每天搅拌3次，确保堆肥浸泡液的空气交换。

**4 ～ 10 天后**

6. 取出网兜，浸泡液稀释后即可使用。为了使堆肥浸泡液达到最佳的效果，可以用水族馆的气泵，24小时不间断地往堆肥浸泡液中输送空气。

## 喷洒叶面

朝植物的所有部位喷洒堆肥浸泡液，可形成一层微生物保护层，促进植物对矿物质的吸收，增强植物的免疫系统。

将堆肥浸泡液过滤后再喷洒，以免堵塞喷雾器的喷头。

用10倍的雨水稀释堆肥浸泡液。

每2周喷洒1次，以增强植物的免疫系统。这些充满微生物的保护层，将会击败侵扰植物的病菌。

## 浇灌地面

用堆肥浸泡液浇透土壤是一种快速、有效的提高土壤肥力的方法。只须用浇水壶取少量的堆肥浸泡液，稀释后浇灌到土壤中即可。

过滤堆肥浸泡液，以免堵塞浇水壶。用20倍的雨水稀释堆肥浸泡液。

充分搅拌，让混合液中充满氧气，有利于微生物大量繁殖。

大量浇洒土壤。随时都可浇洒，植物叶子发蔫、颜色轻微发黄的时候尤为需要。

# 杂草浸泡液

如果让我们栽培的植物和杂草竞争的话，获胜的永远是杂草。杂草生命力十分旺盛，它们可以从几根根茎或者几粒种子，开始生命之旅，在土壤深处，杂草的根富含矿物质和微量元素，在土壤之上，杂草的叶子从空气中吸收氮元素。杂草中包含了很多花园缺少的养分，制作一款简单的杂草浸泡液，既可以充分利用杂草的养分，又不用担心杂草在堆肥中恣意蔓延。

1.收集杂草，将它们放入网兜中。根、茎、叶都可利用，包含的种类越多，制作出的浸泡液养分越丰富。荨麻和蒲公英富含钙、铁和镁，蓟富含钾和锌、锰等微量元素。

2.将杂草放入容器中，占用1/3～1/2的空间，放入雨水，将容器盛满。

生物动力园丁会在其中加入6种特殊的制剂，帮助杂草尽快分解，提高养分含量（详见第80～113页，第132～133页）。

3.用石头或者砖块压住杂草，使它们充分地浸入水中。

4.用麻布覆盖容器后静置，让浸泡液发酵，大概每周搅拌1次。

2 ~ 4 周后

5. 取出网兜，剩余的糊状物质可用来制作堆肥。经过在水中的长期浸泡，杂草的根和种子已经没有繁殖力，不再有四处蔓延的危险。

6. 滤出液体。根据需要，使用时用10~40倍的雨水稀释杂草浓缩物。

7. 用力搅拌几分钟，给混合物换气以刺激其中的有益微生物，喷洒入土壤中会更好地发挥作用。

8. 在秋季多云的下午，把杂草浸泡液大量地洒向土壤。连续3周，每周喷洒1次。原本长满了杂草的地方，可以开始培育新的植物。回到土壤中的养分很容易被植物吸收，同时还可抑制杂草的生长。

The biodynamic approach 生物动力法

# 与自然和谐同步
## 昼夜节律

饥饿的时候，我们可以打开冰箱找食物；口渴的时候，我们可以打开厨房水龙头；当光线渐渐变暗，我们可以打开日光灯的开关。但是植物和我们不一样，吃什么，什么时候吃，它们没有选择的自由，也无法选择光线的吸收。植物深深地植根于大地，欣然接受大自然的恩赐——夏季的光和热，春季和秋季的雨水，以及冬季的寒冷，顺应时节，自然生长。

如今，我们几乎可以在一年中的任何一天，吃到任何蔬菜水果，因为现在我们采用无土栽培和人造光线等科学技术手段种植植物；利用冷冻技术，空运进口食物。然而，这也造成了我们与自然规律之间的不平衡。亲自种植一些应季的植物，这是让我们的生活与自然、季节的周期协调同步的最好方式。

### 模拟太阳的节奏

春、夏两季，地球接收到更多的光和热，促进植物向上和向外成长，长出枝叶和花，让生命得以繁衍。地球上的生命潜能仿佛正在被释放。秋、冬两季，地球接收的光和热较少，植物或死亡，或进入休眠过程。此时，地球为下一个生命周期的开始做准备。

在地球吸入的阶段，无论是秋冬季节，还是每天晚上，都是挖掘土壤、准备种植的好时机，也是播种、施肥的好时机。向土壤中喷洒液肥或者生物动力土壤喷剂，比如牛角肥500①（详见第60～67页）或者CPP（牛粪肥）（详见第120～125页），最好的应用期也是在秋冬季和每天

## 季节节律

我们的地球（除南极、北极和赤道）每年会经历4个季节：春、夏、秋、冬。之所以有4个季节，是因为地球以微小的自转轴角度（约23.5°）绕太阳运行。

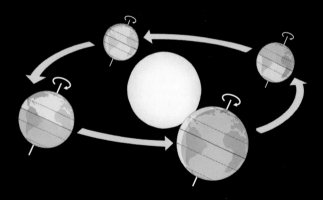

|  | 春分 | 夏至 | 秋分 | 冬至 |
|---|---|---|---|---|
| 北半球 | 3月20日或21日 | 6月20日或21日 | 9月22日或23日 | 12月21日或22日 |
| 南半球 | 9月22日或23日 | 12月21日或22日 | 3月20日或21日 | 6月20日或21日 |

的夜晚，地球吸入的时候。当春季、夏季和每天的清晨，地球呼出的时候，最好施用植物浸泡液，比如大气喷雾剂或者牛角石英501，以帮助植物更好地向上、向外生长。遵循天地的自然循环节奏，不需要任何成本，却可以让我们的园艺生活更加美好。

注：①此处及后文提及的"500""501"……"508"为生物动力园艺中对特定堆肥制剂的编号，为固定搭配，无其他含义。

### 白昼黑夜，春花秋月

在生物动力园丁看来，地球是一个有机体，它会呼吸，就像人的呼吸运动有着动态的周期变化一样，地球的呼吸有它的昼夜和季节性节奏。在夜晚和秋季，地球吸入；在清晨和春季，地球呼出。

植物也遵循着自然的节奏，有些植物只在特定的时间开花，比如牵牛花（左）只在早上开花，而月见草（右）只在夜晚盛开。

# 月球

太阳每天照常升起，如果天气允许，每天都可以看得见。由于地球会遮挡来自太阳的光线，因而地球最亲近的邻居——月球，每天都会改变形状。生物动力园丁发现按时作业的重要意义，比如按照月历的循环进行播种、种植和收成，能取得更好的效果。

## 满月——新的月球周期

我们可以利用的明显的天体周期，就是月球周期，因为我们可以用肉眼看到月球的形状变化，根本不需要日历，当然日历更有助于我们安排作业。"month"（月）这个单词，正是来源于"moon"（月球），精准地说，每29.5天应该会出现一轮满月。

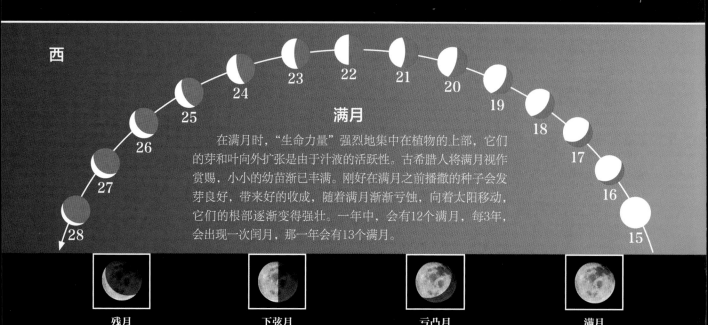

西

### 满月

在满月时，"生命力量"强烈地集中在植物的上部，它们的芽和叶向外扩张是由于汁液的活跃性。古希腊人将满月视作赏赐，小小的幼苗渐已丰满。刚好在满月之前播撒的种子会发芽良好，带来好的收成，随着满月渐渐亏蚀，向着太阳移动，它们的根部逐渐变得强壮。一年中，会有12个满月，每3年，会出现一次闰月，那一年会有13个满月。

残月　　　下弦月　　　亏凸月　　　满月

### 修剪枝叶

快到新月的时候，从植物的根部流向上部的汁液流量会减少，因而适合修剪枝叶。

### 施用除草剂

满月的时候，适合施用除草剂（详见第132页）。使用之前要慎重考虑，你可能会发现，以后很难在同一地点种植相关的植物。

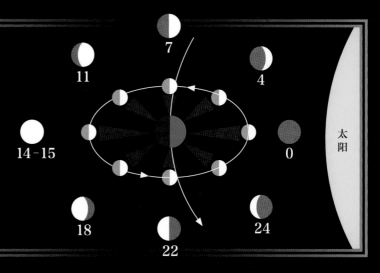

## 追踪满月

这个循环发生的原因是月球、太阳和地球都在彼此相对移动。月球围绕地球运转，而地球围绕太阳旋转。当太阳在地球的一面，而月球在相反的一面（详见第50页）时，出现满月。月球自身并不发光，我们看到的月光，是月球的灰白表面反射太阳的光芒。14天之后，新月出现，我们几乎看不到它，因为它移动到了地球和太阳之间。新月同样反射太阳的光芒，但是是在面对着太阳而背对着地球的那一面，因而我们看不到。

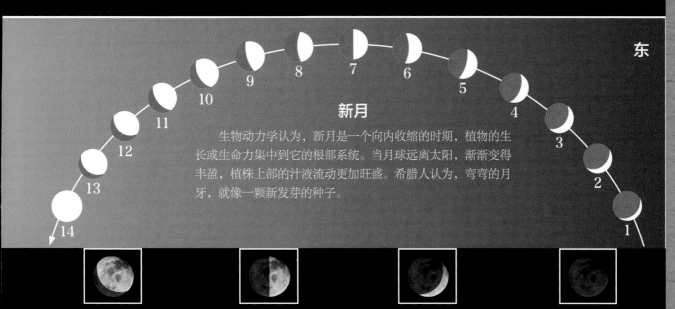

东

### 新月

生物动力学认为，新月是一个向内收缩的时期，植物的生长或生命力集中到它的根部系统。当月球远离太阳，渐渐变得丰盈，植株上部的汁液流动更加旺盛。希腊人认为，弯弯的月牙，就像一颗新发芽的种子。

盈凸月　　　　上弦月　　　　峨眉月　　　　新月

### 播种

在满月前的2~3天播种的种子，会很好地发芽并获得良好的产量。特别是对于一年生作物，如黄瓜、生菜、韭菜、卷心菜和菠菜等，这样做可以促进它们在地面上形成多汁的绿叶或者果实。

### 喷洒牛角肥500

进入新月的日子是施用牛角肥500的好时机，在新月的2天前喷洒是最理想的。此时，繁殖和生长的力量特别强大，牛角肥500所富含的生命活力，得以发挥作用。

# 远地点和近地点

了解月球与地球之间距离的远近，有助于安排播种、种植、采收、修剪枝叶等园艺作业的最佳时机。

## 月球的运行轨道

月球在其椭圆轨道上绕地球运转一圈大概需要27.55天。它离地球最近的地方，叫作近地点；最远的地方，叫作远地点。由于受地球引力的作用，月球在近地点的运行速度最快。

**月球的轴倾斜度**
-6.7°

**地球的轴倾斜度**
-23.5°

**远地点**
约405 500千米

**近地点**
约363 300千米

### 远地点

当月球在离地球最远的位置，即远地点时，仿佛处于一种"夏季氛围"，此时它对潮汐的影响最弱，对水状物的影响也是如此。因而，在这个时候播种马铃薯，收成好且易于储存。其他的根类或叶类作物，比如胡萝卜，在这个时候播种，可以避免它们过快地生长结籽，因为此时它们体内的汁液流动性最弱。

不要为了让某些植物尽快开花结籽以便来年采种而特意播种它们（详见第20～21页）。这样做的潜在危险是：它们的种子，虽然可以在很短的生长周期内被培育成新一代的植物，但并不能为我们生产出丰富的食物。相反，月球处于远地点时适于收割果类植物，比如番茄、茄子、苹果，它们的口感缺少汁液，但是养分更丰富。

### 近地点

当月球离地球最近即位于近地点时，潮汐特别强，登陆月球的可能性更大。1969年，尼尔·阿姆斯特朗和他的阿波罗11号，在近地点登陆月球，他们节省了约42 000千米的飞行路程。月球位于近地点时，在苗床撒播的种子可能不易发芽，因为植物体内的汁液流动过于强烈，集中在植物的上部。对于叶类植物来说，比如菠菜和生菜，近地点的月球的影响可能是正面的。然而果类植物，比如草莓或者苹果，若汁液过多，则会失去糖分，不易成熟，也不易储藏。

近地点月球潜在的负面影响较大，如果遇上满月，可能会更糟糕。每14～15个月，会出现一次"超级月球"现象，此时月球距离地球很近，看起来特别大。

在月球接近近地点的那几天，可以向土壤喷洒问荆508浸泡液，以平衡月球带来的潮湿，防止杂草或真菌病害孢子的过度生长。

不要播种容易过早结实的作物。

在春季，当月球处在远地点时，播种的马铃薯产量会很高。

当月球处在远地点时，不要给果类植物浇水。

✓ 如果月球处在近地点时，恰逢满月，在过于潮湿的空气中喷洒牛角石英501液肥。

✗ 当月球处在近地点时，不要翻耕苗圃。

✓ 拔出胡萝卜，以免在潮湿的土壤中腐烂。

✓ 当月球处在近地点时，播种的叶类植物，比如生菜和菠菜，口感更好。

✗ 当月球处在近地点时，种植的草莓汁液过多，味道寡淡。

# 月球上升期和下降期

月球的上升期和下降期，各自长达将近2周的时间，是有助于安排养护工作的自然周期。如果将上弦月比作万物生长的"春夏季"，下弦月则好像万物凋零的"秋冬季"，这样有助于理解月球的自然周期。

黄线演示了月球经过十二星座的轨迹（详见第48页）。

## 跟随月球的周期

冬至的时候，太阳挂在天空中的最低点；夏至的时候，太阳挂在天空中的最高点。月球也一样，在下降期结束时处于天空最低点，上升期结束时，达到最高点。不同的是，太阳的两个周期，冬至和夏至之间，相隔6个月，而月球的"夏热"点和"冬冷"点，仅仅相差13.65天，或者说，月球的两次开始上升点或下降点之间相差27.3天。也就是说，月球的升降周期是独立的，独立于满月与新月之间的29.5天周期。远地点与近地点之间的27.55天的周期，也独立于4个季节，一年365.25天的循环周期。

这就意味着，满月、新月、远地点、近地点，可以发生在月球的任何上升期或下降期。而且月球有自己上升的"春夏"，和下降的"秋冬"，有别于一年中的实际季节。

## 了解黄道节点

一个月中，月球会2次穿过黄道（天空中虚构的一条线，日食或月食发生的地方）。可能发生在满月时，当地球的阴面挡住了月球，就形成了月食；或者发生在新月时，月球挡住了太阳，就形成了日食。发生日食或月食的时候，植物的生命力会受到抑制，应该停止作业，避免播种、除草和移栽。

## 不同的观点

月球的轨道平面与黄道面的夹角是5.5°，像一切旋转的物体一样，它似乎在天空中上下移动。

周期随你所处的半球而变化。月球经过射手座、摩羯座、水瓶座、双鱼座、白羊座、金牛座，最后到达双子座。在这个过程中，对于北半球来说，月球处于上升期的"春夏"，而在南半球，则处于下降期的"秋冬"。相反，如果在北半球，月球处于下降期的"秋冬"，在南半球，则处于上升期的"春夏"；不论你住在哪里，月球运动的轨迹是一样的：双子座、巨蟹座、狮子座、处女座、天秤座、天蝎座，最后回到射手座。

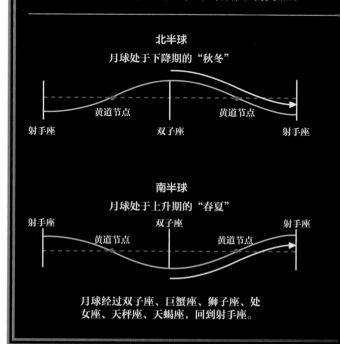

月球经过双子座、巨蟹座、狮子座、处女座、天秤座、天蝎座，回到射手座。

## 下降期的月球

月球处于下降期时，植物下部的汁液最丰富。这时，应该将幼苗从盆栽或者苗圃中移出，此时它们的根很容易适应新的环境。而且这时候最适合修剪枝叶，是因为任何需要去除的植株部分都包含汁液，而此时汁液的生命力，不如月球上升期的时候那么活跃，意味着这是一个通过在土壤中施肥来刺激植物根部活力的好时机。

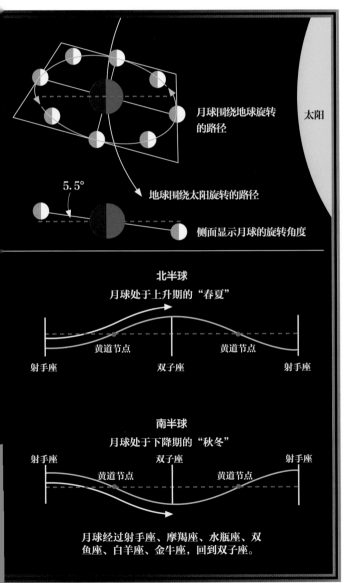

5.5°

月球围绕地球旋转的路径

太阳

地球围绕太阳旋转的路径

侧面显示月球的旋转角度

**北半球**
**月球处于上升期的"春夏"**

射手座　　　黄道节点　　　双子座　　　黄道节点　　　射手座

**南半球**
**月球处于下降期的"秋冬"**

射手座　　　黄道节点　　　双子座　　　黄道节点　　　射手座

月球经过射手座、摩羯座、水瓶座、双鱼座、白羊座、金牛座，回到双子座。

移出幼苗。

在土壤中埋入堆肥。

修剪枝叶。

施用牛角肥500。

## 上升期的月球

月球处于上升期时，植物上部的汁液特别活跃。此时剪下的花朵可以保鲜更长时间，采下的种子也更容易保存。此时也适合剪下树枝或藤蔓扦插，在种植以前嫁接。和太阳及月球一样，太阳系中的所有星球，在经过十二星座时，都遵循着这一规律：上升、下降，反复循环。

剪下的花朵，保鲜时间更长。

喷洒牛角石英501。

进行嫁接。

收获的果实保存时间更长。

# 月球和星星

在环绕地球的运行中，月球经过了十二星座，从双鱼座到水瓶座，它需要约27.3天完成这一循环。月球每经过一个特定的星座，这个星座所对应的元素—— 土、水、气、火，会影响植物的四大主要"器官"——根、叶、花、果实／种子，生物动力学也据此对植物可食用的部分进行分类。这个恒星周期一直被视为影响着植物的特定部位的生长方式。

**水瓶座**
北半球宜给果树或花卉植物喷洒牛角石英501液肥；南半球宜种植球根花卉。

**摩羯座**
北半球宜锄除杂草；南半球宜在土壤中埋入堆肥或者直接喷洒堆肥制剂。

**射手座**
北半球宜收获水果；南半球宜修剪枝叶，移栽，给果树施肥。

**天蝎座**
最适宜的星座，无论哪个半球，在满月之前，都可播种叶类植物。

**天秤座**
北半球宜播种，给花卉植物修剪、施肥；南半球宜采摘花朵。

**处女座**
北半球宜在土壤中施肥或者喷洒CPP制剂；南半球宜锄除杂草。

| 狮子座 | 巨蟹座 | 双子座 | 金牛座 | 白羊座 | 双鱼座 |
|---|---|---|---|---|---|
| 无论哪个半球，都可播种种子植物；北半球宜对果类植物施用堆肥或喷剂。 | 北半球宜准备播种的土壤，或喷洒叶类植物；南半球宜种植或移植多年生植物、树篱或草本植物。 | 无论哪个半球，此时剪切的鲜花，采收的香草植物和剪下的生食叶菜类植物，都可以保存更长的时间。 | 无论哪个半球，都可采摘马铃薯，但如果接近满月或者近地点的时候，不适合长期保存。 | 北半球宜修剪休眠的果树；南半球宜对果类植物喷洒牛角石英501。 | 北半球宜种植或移植多年生植物、树篱或草本植物；南半球宜准备播种的土壤，或喷洒叶类植物。 |

## 植物的器官和相对应的元素

生物动力学认为，流入地球的所有天体周期都会影响植物的生长。月球、行星、太阳的运行都经过十二星座，它们对应着四大元素：金牛座、处女座、摩羯座对应土元素，影响根的形成；巨蟹座、天蝎座、双鱼座对应水元素，影响叶子的形成；双子座、天秤座、水瓶座对应空气（光），影响花朵的形成；白羊座、狮子座、射手座对应火元素（温暖），影响果实和种子的形成。

## 根、叶子、花朵和果实形成的最佳时期

将植物待收获的部分，如胡萝卜的根、生菜的叶子、可食用的花，以及苹果等水果，同月球、行星、太阳相对于十二星座的位置联系起来，可以有效地促进植物的生长。比如，当月球经过代表土元素的星座时，开始培育胡萝卜。

记住，合理运用月球、星星的运行周期，只是园艺成功的部分原因，最主要的还是基本常识；在适合它们的土壤和条件下种植作物，而且要务实。即使你在"错误"的时间种植了生菜或者其他作物，那也不是"犯罪"，什么都不播种，才是"犯罪"。

# 月球和土星

月球和土星的相对位置，会影响地球上植物的生长。月球和土星对繁殖、发芽和产量的影响是相互平衡的，它赋予植物正确的形态、结构、成熟度、口感。地球一侧的满月激发钙元素的作用，促进生长和繁殖，这就是满月时播撒的种子容易发芽的原因。而地球另一侧的太阳会激发硅元素的作用，促进果实成熟，口感变好。

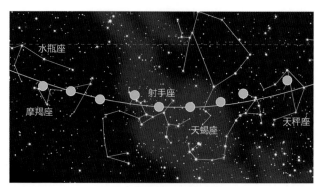

土星围绕太阳运行一圈，需要大概30年。它在黄道附近，经过十二星座。

## 自然平衡法

对于园丁来说，月球和土星处于对立位置的时候，是自然界中可利用的平衡与和谐的时期。月球在地球的一侧，土星在地球对立的另一侧，这种状况每27.5天会发生一次。当月球处在土星和地球的中间时，土星的影响增强，因为它

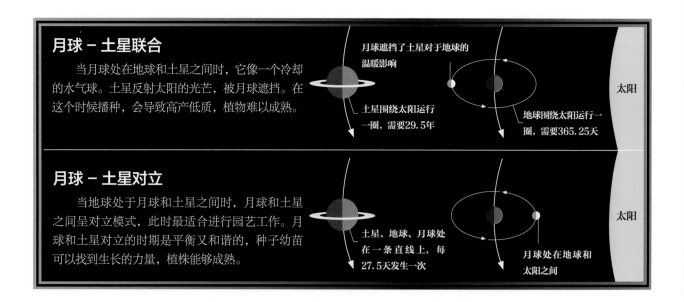

**月球－土星联合**

当月球处在地球和土星之间时，它像一个冷却的水气球。土星反射太阳的光芒，被月球遮挡。在这个时候播种，会导致高产低质，植物难以成熟。

月球遮挡了土星对于地球的温暖影响

土星围绕太阳运行一圈，需要29.5年

地球围绕太阳运行一圈，需要365.25天

太阳

**月球－土星对立**

当地球处于月球和土星之间时，月球和土星之间呈对立模式，此时最适合进行园艺工作。月球和土星对立的时期是平衡又和谐的，种子幼苗可以找到生长的力量，植株能够成熟。

土星、地球、月球处在一条直线上，每27.5天发生一次

月球处在地球和太阳之间

太阳

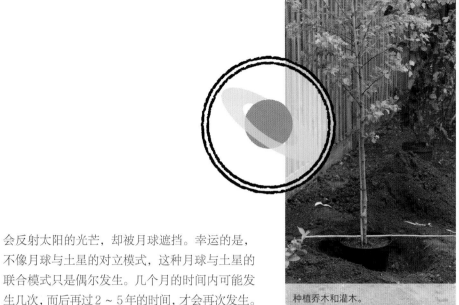

种植芦笋等多年生蔬菜。

会反射太阳的光芒，却被月球遮挡。幸运的是，不像月球与土星的对立模式，这种月球与土星的联合模式只是偶尔发生。几个月的时间内可能发生几次，而后再过 2 ~ 5 年的时间，才会再次发生。

种植乔木和灌木。

翻新贫瘠地块。

## 月球与土星对立时的园艺工作

在月球与土星对立即将发生的 2 天内，应该安排重要的园艺任务，特别是那些会产生长久影响的工作。比如，在土壤中埋入堆肥，种植球茎花卉、果树、灌木等，将需要的草本植物和其他植物移入花盆。

在月球与土星对立即将发生的 2 天内，播撒的种子和正要萌芽的幼苗通常会生长出强健的植株。应该播种高产量的植物，比如马铃薯、番茄、草莓和豆类，还有那些娇嫩的植物如菠菜、芥蓝，也适合在这个时期播种。

在月球与土星对立的阶段，也特别适合喷洒生物动力制剂（详见第 60 ~ 79 页）。牛角肥 500 会特别强烈地刺激土壤微生物的生长，牛角石英 501 和问荆 508 则会增强植物的口感，强化星球运行对植物的影响。

在月球与土星对立的阶段，植物浸泡液、液肥和生物动力堆肥对植物的滋养作用也会增强。

建造苗圃，为种植做准备。

月球与土星对立即将发生前，在下午施用牛角肥500。

月球与土星对立发生之后，在清晨喷洒牛角石英501。

种植郁金香等观赏性球根花卉。

在花盆中种植多年生草本植物。

# 生物动力学的起源

生物动力农耕运动是最古老的"绿色"农耕运动，它出现在20世纪20年代早期，第一次世界大战结束之后。在第二次世界大战结束后，有机农耕运动得到了发展。在过去的150年中，欧洲的农业经济转变为工业经济。生物动力农耕运动和有机农耕运动都认为，虽然工业化带来了一些有益的技术与工具，但是对生物多样性和鸟类、蜜蜂的栖息地造成的破坏是不可逆转的。

## 工业化的影响

农业工业化开始于第一次世界大战后。战争和之后的瘟疫，使得两代基本上自给自足的自耕农民失去了生活来源。数以百万计的农场动物也死于战斗、饥饿或者疾病。曾经的耕地依靠农民和牲口劳作，而现在则被整齐划一的机器代替，这些机器都来源于军工厂。第一次世界大战的炸弹制造技术被改进后用于生产可溶性化肥来提高产量；神经毒气技术用于研发除草剂和杀虫剂。因为杀虫剂和化肥的使用，生物多样性被破坏，小鸟和蜜蜂的栖息地也遭到了破坏，土壤和水源都遭到了污染。农作物的产量增加了，营养价值却下降了，化学残留物的水平上升。杂交种子取代了天然授粉的种子，因为它们可以产生更多可预测的收益，这就意味着，农民将不再需要保存自己的种子。

## 新鲜的尝试

1924年，一批中欧农民，请求鲁道夫·斯坦纳（1861—1925）为他们描绘农业的另一番景象。彼时，斯坦纳已经创建了一套新的教育体系——斯坦纳教育（亦称"华德福教育"），但是农业是他的激情所在。鲁道夫·斯坦纳成长于奥地利的一个社区（现在属于斯洛文尼亚），童年的他目睹了那里古老的耕作方法，这些农耕传统一直沿袭到现在，而且保持得非常好，令他印象深刻。

1924年春天，斯坦纳在他的名为"农业"的系列讲座中，讲述了他对现代农业的不一样的选择，他的这些想法就是今天的生物动力法。他告诉那些邀请他的农民，他的某些建议可能显得很古怪，甚至有些落后，但是现代农业能带来短期的收益。

## 生物动力法如何运作

斯坦纳认为：健康的人类，需要健康的食物，而健康的食物来自健康的农场。斯坦纳所说的"健康"，不只是肉体的，还包括心灵、精神健康。食物决定了我们的生命状态，为了我们的健康着想，我们必须生产健康的食物。斯坦纳告诉农民们，他们必须做些根本性改变，接受他的某些"古怪"的想法。斯坦纳认为，每个农场和花园都应该尽可能地做到自给自足。当时很多家庭为了牛奶、肉和鸡蛋而饲养牛、猪和鸡。斯坦纳趁机提出了生物制剂的想法——采用特殊的方法制作肥料，以疗愈受损的土壤。这些制剂使用了一般用于治疗人和动物的疾病的6种草本植物：西洋蓍草、洋甘菊、蒲公英、缬草、荨麻和碾碎的橡树皮。将这六种草本植物（每种取一把）经过特殊处理后，加入堆肥中就可见效。斯坦纳的特殊处理指的是，将植物在阳光下晾晒，或者埋入土壤中。他还建议，将其中的4种植物装入牛或者公鹿的肠、角或者膀胱内，以备制作堆肥。这在今天看起来很古怪，但是对于当时的很多饲养动物的农场来说，是很寻常的事情。斯坦纳建议将洋甘菊花灌制成"香肠"，加入堆肥中。他还建议使用3种喷剂喷洒土壤，根据简单的原则制作生物动力制剂，他使用的是：牛粪、矿物质石英和另一种药用植物问荆。

斯坦纳认为生物动力法是低技术农业，普通人也可以实践。他的9种生物动力制剂制成后，即使小剂量使用，也能够帮助农场和花园实现健康、动态、可持续的平衡。我们可以把每一个花园或农场当作一个有机体，也可以把地球视作一个有机体，地球是太阳系中其他行星和恒星的一个更广泛的生命周期的一部分。

斯坦纳的9种生物动力制剂所使用的原材料。从左上开始分别为：问荆、洋甘菊、蒲公英、荨麻、橡树皮、西洋蓍草、牛粪、缬草、石英。

# 如何增加生物动力制剂的活力

一些生物动力制剂在使用之前，须经过稀释搅拌，以确保其中的有益成分被水和土壤吸收。在搅拌的过程中，制剂和水之间有一个动态的互动，可以增加生物动力制剂的活力。

## 搅拌和涡流

不停地手动搅拌一小时，听起来会很累人，但是一旦你掌握了这个过程的窍门，液体就有了自己的节奏。当你感到很累的时候，就停下来，将你搅拌的制剂倒入堆肥垛中。当你感到精力充沛，内心有强烈的欲望想要去做的时候，再重新搅拌一桶制剂。不停搅拌是为了产生涡轮效应，在其中心将产生一个垂直的喷水口，叫作涡流。每隔一两分钟，向相反的方向搅拌，涡流消失，产生一个新的涡流。这样确保制剂中的养分和能量，传入每一滴水中。

当你搅拌的时候，会注意到液体的质地发生了变化，变得更加光滑、黏稠，因为其中充满了气体。水中的涡流就像宇宙的形态。地球这颗行星围绕着一颗恒星——太阳旋转，太阳本身在螺旋涡流状的银河系的边缘旋转，银河系在更加广袤的宇宙中旋转，在水中搅拌生物动力制剂，水作为生命的源泉，强化了植物需要保持活力和健康的生存过程。

## 搅拌多长时间

牛角肥 500 和牛角石英 501，应该搅拌 1 小时。CPP（牛粪肥）制剂，需要搅拌 20 分钟。缬草 507 制剂，无论是加入堆肥中还是直接喷洒农作物，都需要搅拌 10 ~ 20 分钟。

植物浸泡液和液肥也需要 10 ~ 20 分钟的搅拌。曝气后的液体更有黏性，可以促进植物和土壤对养分的吸收。曝气的堆肥浸泡液（详见第 34 页）则需要长达 24 小时的搅拌。

向同一个方向用力搅拌，大概1分钟，取出搅拌棒，让水流自然旋转。

动态化的液体通常要在2天内使用。喷洒之前，用刷子将大颗粒液滴洒至土地中。植物浸泡液和牛角石英501液肥可以直接喷洒植物。

## 流动形态

　　手动搅拌在液体中产生单中心的垂直漩涡或者涡流。也可以通过水的流动形态实现水平涡流。使用太阳能水泵，带动水流过一系列的碗状的容器，这些容器通常用黏土制成。水流的方向一致，但容器的形态不同，水就像流经小溪中的鹅卵石一样，产生了涡流。那些容器呈"8"字的形状，就像血液在我们体内流经的器官一样。这种有节奏的水流充满氧气，增加了水的活力，而且水流和其声音本身就有疗愈的作用。

## 施用制剂

　　动态化的液体在搅拌结束后，应该立即或者尽快使用。添加未动态化的液体会减弱其功效，因此应先喷洒未搅拌的液体，而后喷洒动态化后的搅拌液体，但最好不使用未动态化的液体。

在涡流消失之前，用搅拌棒破坏掉涡流，反方向搅拌，重复数次该动作。

由7种植物、1种矿物质和1种动物粪肥制作而成的9种生物动力制剂，能够增加土壤和所栽培植物的活力。

牛角石英501

洋甘菊503

牛角肥500

西洋蓍草502

缬草507

橡树皮505

荨麻504

蒲公英506

问荆508

# 详解9种
# 生物动力制剂

生物动力园艺需要定期使用9种生物动力制剂，这些制剂来自自然界的3个领域：动物、矿物质和蔬菜。生物动力学把这三个领域视为一个统一的部分，它们是促进大地再生的最好的方式。通过对丧失生命力土地的修复，我们和大自然的季节循环、天体周期重新建立起连接。

### 牛角肥500

向地面洒牛角肥500液肥可以为花园打下一个良好的基础，提供土壤所需的生命力，改变土壤结构。良好的土壤环境需要适量的空气和湿度，可以帮助蚯蚓、真菌、细菌活动，生长出健康的植物。如果把土地比喻成人的肠胃，牛角肥就能使这个胃保持充足的营养储备，就好比健康的食物使我们的胃充满了动力。制作方法详见第66～77页，应用详见第66～67页。

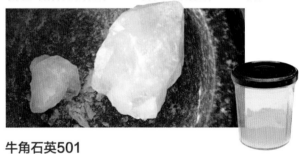

### 牛角石英501

施洒过牛角石英501液肥的植物，味道鲜美，易于保存。将牛角石英501液肥喷洒在植物上，使植物能够最大限度地吸收太阳发出的光能和热能，快速生长，也能帮助植物抵御病虫害。健康的植物才会生产出成熟、美味又健康的食物。制作方法详见第68～73页，应用详见第74～75页。

### 西洋蓍草502

将西洋蓍草堆肥播撒在土壤中，使植物形成了一种感知意识。就像野生动物一样，植物为了生存繁衍，也需要感知意识，它们需要感知周围环境的变化，比如太阳、月球及其他星体的运动。这种完全的感知意识，可以让植物变得更加强健。制作方法详见第80～85页，应用详见第116～123页、第130～131页。

## 洋甘菊503

洋甘菊503制剂能够确保花园的废料和循环系统安全有效地工作。废料可以在土壤中自然地降解，也可以和堆肥一起回到土壤中。土壤可以有效地消化废料、树叶和其他可降解的物质，而洋甘菊可确保土壤的消化系统能够轻松地工作。制作方法详见第86~91页，应用详见第116~123页、第130~131页。

## 蒲公英506

蒲公英506制剂扮演和西洋蓍草502制剂相似的角色。西洋蓍草能帮助植物感知周围环境的变化，而蒲公英也有同样的功效，除此之外，它还可以帮助植物感知地下发生的一切。制作方法详见第102~107页，应用详见第116~123页、第130~131页。

## 荨麻504

好的堆肥是黑色的，充满泥土味，既不会太干，也不会太湿，含有适量的蠕虫和微生物，还有适量的矿物质。在土壤中添加含有荨麻504制剂的堆肥后，不管外部环境如何变化，土壤都可以保持良好的状态，就像荨麻本身一样，有助于植物生长良好。制作方法详见第92~95页，应用详见第116~123页、第130~131页。

## 缬草507

缬草的工作是，确保原材料在适宜的温度下进行"烘焙"。好的堆肥需要足够的微生物来分解有机物质并产热，这样能够提高堆肥内部温度，杀死杂草种子和病原体这样的麻烦制造者。当堆肥冷却下来后，蚯蚓开始工作，将堆肥推送到土壤中，给泥土和植物输送安全高效的营养成分。制作方法详见第108~112页，应用详见第116~123页、第130~131页。

## 橡树皮505

在堆肥中加入橡树皮505制剂，能帮助土壤保持平衡。无论土壤中缺乏何种元素，植物生长都会失衡，生长过快的植物就容易感染疾病。制作方法详见第96~101页，应用详见第116~123页、第130~131页。

## 问荆508

问荆508制剂的作用是疏通，可以预防潜在的不平衡，特别是在那些土壤和植物失去平衡的花园中，抑制杂草，防治真菌感染。用问荆制作的浸泡液或堆肥，可为土壤提供天然的屏障，将真菌病毒和杂草拒之门外。制作方法和应用详见第76~79页。

# 牛角肥500

　　牛角肥料是打开生物动力世界的钥匙。将牛粪塞入牛角中，埋入土壤6个月，度过冬天，就可制成牛角肥。牛角中那些碎碎的黑色物质，所含有的有益微生物数量远高于正常的堆肥和肥沃的优质土壤。

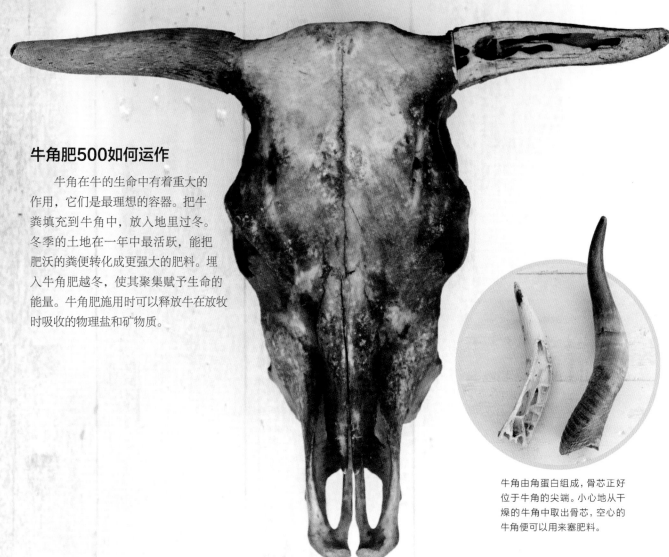

## 牛角肥500如何运作

　　牛角在牛的生命中有着重大的作用，它们是最理想的容器。把牛粪填充到牛角中，放入地里过冬。冬季的土地在一年中最活跃，能把肥沃的粪便转化成更强大的肥料。埋入牛角肥越冬，使其聚集赋予生命的能量。牛角肥施用时可以释放牛在放牧时吸收的物理盐和矿物质。

牛角由角蛋白组成，骨芯正好位于牛角的尖端。小心地从干燥的牛角中取出骨芯，空心的牛角便可以用来塞肥料。

新鲜的牛粪

牛角可以从附近的生物动力农场收集，最好来自已经生过几个小牛犊的母牛。母牛每生一个牛犊，在牛角的底部都会产生一个产犊环，呈螺旋状，就像液体经过搅拌之后形成的涡流一样

用一片石砧，将肥料推入牛角顶部，排出里面的空气

# 制作牛角肥500

1. 秋分前后，将新鲜的牛粪（最好是正在吃草的哺乳期母牛刚刚排下的粪便）去除青草后，用石砧轻轻敲击牛角，挤出空气，装入肥料。

2. 检查牛角，看肥料是否塞得密实。不能有空气残留，否则牛角中的肥料不能完全分解。所以要尽可能排出牛角中的空气。

3. 在地里挖一个坑，大概75厘米深，撒入一些新鲜的堆肥。确保远离电线。

4. 将牛角底部（口大的一端）朝下埋入土中。坑的大小和埋入牛角的个数都没有限制，只要确保土壤良好，肥料正确地装入牛角中即可。需要的话，可埋两三层的牛角。

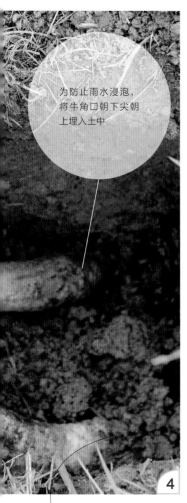

为防止雨水浸泡，将牛角口朝下尖朝上埋入土中

小心地将土壤包裹在每个牛角周围，确保没有空气间隙

5. 在坑中填入土壤，覆盖牛角的土壤应该至少有30厘米厚。用木桩在坑的四周做上标记。

6. 天气暖和时，在牛角坑土上覆盖干草遮阴，防止日晒雨淋的同时，还可保持土壤湿润。

7. 在四个木桩的上部放置一块木板，遮阳防雨，又不影响空气流通。

8. 在木板上，覆盖稻草，以调节温度。

### 6个月后的春季

9. 牛角肥在土壤中度过了6个月，经历了大地最为活跃的冬季，吸收了大地的能量。春分前后，在蚯蚓活跃起来之前，将牛角肥从地里挖出来。

10. 倒出牛角中的肥料之前清理干净牛角外部的泥土，避免肥料被污染。

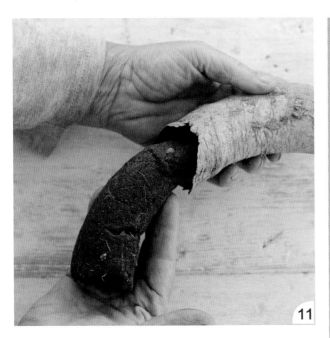

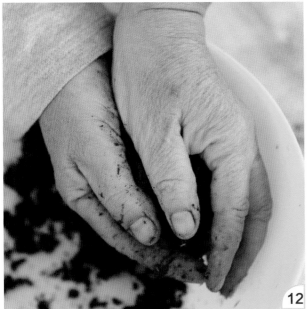

11. 轻轻拍打牛角，取出里面的肥料。可用铁丝掏出牛角尖的肥料。

12. 将牛角肥弄碎后存放在罐子里。牛角肥500为深黑色的腐殖质，气味强烈，可称作"沃土中的沃土"。

## 保存牛角肥500

新鲜的牛角肥500肥力最佳，因此最好当年制作，如果保存条件良好的话，也可以保存3年之久。将压碎的牛角肥500放入陶罐或者玻璃罐中，用透气性良好的盖子封口。在罐子周围包围一层泥炭层后放入木箱，存放在黑暗、寒冷、无霜的地方或者放入罐中埋入地下。

用石板遮挡，预防侵蚀

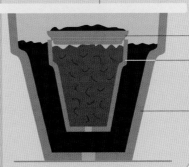

在盘子中装满泥炭，放在陶罐上作盖子使用

装入陶罐的牛角肥500

装入泥炭的大号红陶罐

将牛角肥500保存在花园中时，应选择一个阴凉的地方，避开积水、霜冻和太阳暴晒，远离电线和移动基站等辐射源。牛角肥500也可以和堆肥制剂一起保存（详见第114～115页）。

# 应用牛角肥500

牛角肥500可为土壤添加一种浓缩的肥力，有利于有益的细菌、蠕虫和植物的生长。牛角肥500可和牛角石英501配合使用。牛角肥500对花园的地下部分起作用，帮助植物在土壤中生长并吸收养分和水分；牛角石英501则在花园的地上部分发挥效用，促进植物在地上成熟，形成自己独特的味道。

如果需要大面积施用牛角肥500液肥，可以用刷子或者松柏枝蘸取后进行泼洒

## 如何稀释牛角肥500

1. 在一个较大的容器中，盛入干净的水，将牛角肥500捏成高尔夫球大小的球状，放一粒到水中。

2. 将牛角肥500溶解在水中，用手指轻轻地捏碎，确保没有任何凝结块。

3. 动态化溶液：先顺时针搅拌溶液，形成涡流，然后破坏掉涡流（详见第54～55页），再逆时针搅拌，产生涡流，然后再破坏掉涡流，顺时针搅拌，这样反复操作1小时。动态化之后的牛角肥，最好在2小时以内施用。选择比较阴沉的天气，此时土壤温暖又湿润。最好是在下午或者夜晚，大地处于吸入的状态时施用。满月之前的日子，当生殖和成长的力量最为强烈时，特别适合施用牛角肥500，这样可以确保它含有的所有生命物质都会发挥作用。

用刷子蘸取牛角肥500液肥，螺旋状泼洒在花园裸露的土壤上，水滴大小与大雨点相仿为好。

在播种或移栽前，将牛角肥500液肥泼洒于翻整过的苗床上。

在经过冬季的寒冷和霜冻后，春季施用牛角肥500可唤醒土壤中的生命。

在秋季至次年春季施用牛角肥500以保持土壤活力。

# 牛角石英501

用富含硅质的石英填充牛角，牛角石英可与牛角肥相互配合，发挥作用。牛角肥会影响植物地下的根的生长，而牛角石英则影响植物地面上吸收太阳的光和热的部分（植物的芽、叶、花和果实）的生长，调节植物的味道和它们成熟的程度。

石英石的颜色有透明的、奶白色的，甚至紫粉色的，最好使用透明的石英石

利用雨水制作膏体

牛角

使用杵和臼分解和研磨石英

## 牛角石英501如何运作

牛角石英聚集了来自太阳的光和热，以及来自其他星球的温暖，比如火星、木星和土星。它帮助植物与这些星球的能量建立连接——这就是要在太阳初升的时候，在植物的顶部和周围的环境中喷洒牛角石英的原因。牛角石英继续完成牛角肥的工作，让养分在土壤中移动，将这些营养物质输送给植物，保持汁液的流动，帮助植物保持完美的形态，不会太硬实或太疲软，不会长得太矮或太高。牛角石英501和牛角肥500的制作方法相似，将二氧化硅制成的膏体放入牛角中，埋入地下6个月，不同的是，牛角石英501是在夏天制作。

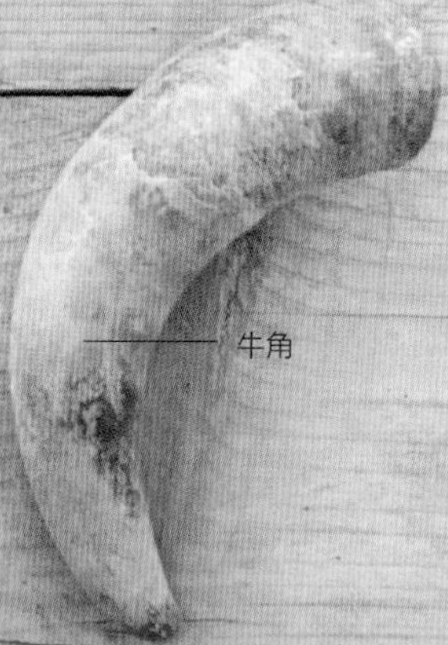

山上的石英常常被冲刷成河床

# 材 料

坚硬的玻璃工作台

防护眼镜

一个结实的玻璃瓶子,可以当作擀面杖,将碎石英碾成特别细的粉末

口罩

# 制作牛角石英501

1. 晚春或初夏的时候，准备好制作牛角石英501的材料和工具。一把铁锤将石英矿石捣碎成小块。再用杵和臼将石英碾碎。

⚠️ **注意：** 石英碎片非常尖锐，因此，捣碎石英的时候，要做好防护工作，戴上防护眼镜和口罩；也要确保儿童、宠物和其他人的安全，因为飞出去的石英碎片，可能会变成伤人的"暗器"。

2. 将碎石英放在坚硬的玻璃板上，用一个酒瓶当作擀面杖，将碎石英碾成很细的粉末，像面粉那么细。

70

3.将石英粉末放入一个玻璃杯或者玻璃碗中，缓慢加入干净的雨水，持续搅拌，直至石英变成黏稠、胶着的糊状物。

4.用勺子把石英糊装入牛角中，填满。

5.将牛角竖着放置一个晚上。如果有水溢出，倒出水，加入更多的石英，直到牛角装满。等待石英变干，如果需要的话，多放置几小时，然后埋入土壤中。

6.天气晴好的时候，在地上挖一个75厘米深的洞，注意远离移动基站和电线。月球上升期的花日，是将牛角石英埋入土壤的最理想时间。

7.将牛角放入坑内，底部（大口）朝下，顶部（尖）朝上，防止雨水的侵蚀。

8.用至少30厘米厚的土壤填埋牛角，在地面用一根木桩作为标记。

### 6 个月后的秋季

9.挖出牛角。牛角已经在土壤中度过了6个月，经历了大地的"夏日生活"，牛角中的石英充满了"夏季"的太阳的能量，可以平衡牛角肥500中的"冬季"的大地的能量。

10

11

12

10. 当牛角的表面结出了硬壳，或者牛角外出现粉色的斑点，意味着有益的微生物已经在工作了。小心地擦去牛角外层尤其是口部的杂质，以免污染石英。

11. 用小刀将石英取出，倒入一个干净的碗中。制作成功的牛角石英501看起来应该像滑石粉一样。

12. 将牛角石英501倒入一个干净、透明的玻璃罐子中，拧紧盖子。

13. 将罐子放在每天清晨阳光可以照射到的地方，远离电源等辐射源。切记不要将牛角石英501放在黑暗的地方，只要保持干爽，就可以保存很长的时间。

13

# 应用牛角石英501

如果说牛角肥500是"阳性"的，那么牛角石英501就是"阴性"的。牛角肥500大多施用在地上，帮助植物更深地扎根，打下坚实的生命基础。而牛角石英501则被喷洒在光线明亮、空气通透的地方，帮助植物向上生长，就像初升的太阳一样，植物的芽、叶、花朵和果实都与光和热建立了很强的连接。同时喷洒过牛角肥500和牛角石英501的植物抗病能力更强，香味、颜色、口感和品质都有所提升，而且更容易储存。

何时喷洒牛角石英501液肥

· 最好是太阳初升，大地处于呼出的时候。

· 月球处于上升期时喷洒，也可以是新月之前的14天内，此时硅有着可以让植物变得"脆硬"的强化力。

只要保持干爽，牛角石英501可以保存很长的时间。将罐子放在每天清晨阳光可以照射到的地方。

## 如何稀释牛角石英501

1. 用小刀刮取一些牛角石英粉，加入一桶温热的雨水中。牛角石英粉具体的量取决于施用的面积，一点粉就可以施用很大的面积，1茶匙的石英粉加50升的水，足够2.5英亩（1英亩≈4046.86平方米）的土地施用。

2. 顺时针搅拌溶液，出现涡流后，停止搅拌，破坏掉涡流；然后逆时针搅拌溶液，出现涡流后，停止，破坏掉涡流；然后再顺时针搅拌，如此反复1小时，就成为动态化的牛角石英501液肥（详见第54～55页）。

3. 用喷雾器喷洒经过动态化的牛角石英501液肥。3小时以内施用制剂，效果最佳。

## 实际的考虑

　　选择温暖、晴朗的天气喷洒牛角石英501液肥，如果未来几天有大雨要避免喷洒。因石英有聚集热量的作用，尽量在早上喷洒，以免灼伤叶片。对植物幼苗的上部或者花园的上空喷洒，而不是地面。石英聚集太阳的光和热，可改变小气候环境，并将它们与你的植物连接起来。

# 问荆508

富含硅化物的问荆508，是最容易制作的生物动力制剂之一，可以用它来治疗生病的植物和它们赖以生长的土壤。可以用普通的问荆制作浸泡液或者液肥治疗受损的植物，比如被杂草侵略、被害虫侵扰、腐烂发霉或者受到真菌疾病侵蚀的植物。

## 独特的品质

木贼属植物起源于比恐龙更早的年代。它们喜欢在阴凉的河滩、沙坑、湖泊等土壤潮湿、光线不足的地方繁殖。大多数植物在昏暗潮湿的环境中会变得虚弱，容易受到病虫害的侵扰，但是问荆的鲜亮叶子中的硅化物含量在植物中是最高的，问荆甚至可在真菌孢子中繁殖。正因为其中的硅化物，问荆508喷剂才能够如此有效地提升植物抗性，预防害虫的侵扰。

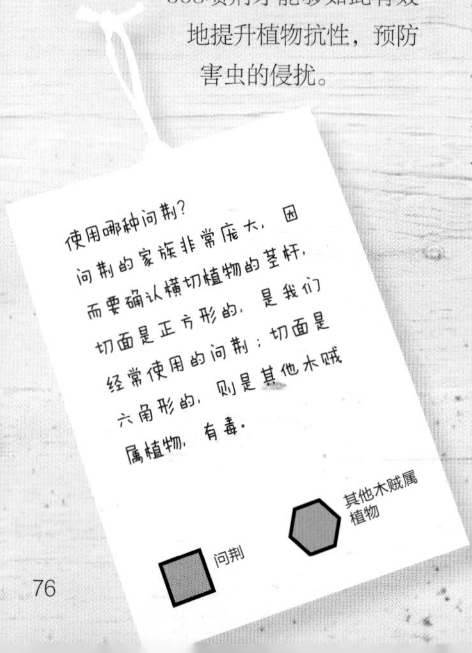

## 问荆508喷剂如何工作

问荆508喷剂并不是唯一的富含硅化物的生物动力制剂，但是它和牛角石英501的工作原理截然不同。两者都富含的硅化物可以让植物更加健康美味，容易保存，但是牛角石英501能帮助植物向上生长，与天体的光和热建立连接。问荆508的浸泡液或液肥中，硅化物的光亮和干燥效果，可以驱赶病菌及微生物，让它们远离植物。在新月的前几天使用问荆508喷洒效果最好，因为这个时间的植物向内收缩，有助于驱赶病虫害。

使用哪种问荆？
问荆的家族非常庞大，因而要确认横切植物的茎秆，切面是正方形的，是我们经常使用的问荆；切面是六角形的，则是其他木贼属植物，有毒。

问荆

其他木贼属植物

在盛夏之前，收集问荆的叶和茎，此时问荆的硅化物含量最高。采摘后可以马上使用，或者在通风的阴凉处晒干，以备日后使用。即使晒干以后，问荆也会保持它鲜亮的绿色，摸起来有扎手的感觉。

# 制作问荆508浸泡液

1. 制作问荆汤剂以萃取其蕴含的硅化物。将50~100克的问荆叶片浸入1~3升的雨水中。

2. 加盖煮沸后转文火煮大概30分钟。端离热源后静置，不要打开锅盖，令其自然冷却。

3. 滤出淡黄绿色或棕色的汤。

4. 制作喷剂。用40倍的雨水稀释问荆汤剂，动态化15~20分钟（详见第54~55页），有助于问荆汤剂更好地发挥作用。

5. 用漏斗将喷剂倒入喷壶中。

6. 使用细孔隙的喷头，直接喷洒于植物上。在叶片上下两面每2周喷洒1次，除非预报有暴雨。

问荆508浸泡液也可以和其他喷剂配合使用，比如橡树皮505制剂（详见第30页）、树膏（详见第126~129页），两者都可以防治植物的疾病。

# 制作问荆508液肥

2 周后

液体表面出现霉菌表明液肥已经可以使用了。肥料会散发出硫黄的气味，特别是在问荆叶片没有滤出的情况下。为了延长液肥的使用寿命，只须经常加入一些新鲜的问荆508浸泡液即可。

1. 制作问荆汤剂（详见上页），将其倒入桶中，可以滤出叶片，也可以不滤出。

2. 用麻布覆盖桶口，用绳子系紧，放在温暖的地方发酵3～10天。

3. 用5～19倍的水稀释。

4. 将溶液动态化15～20分钟。

5. 可以用细雾喷壶喷洒，也可以直接泼洒土壤。建议在月球接近近地点或接近满月的时候使用。也可以和荨麻504液肥配合使用，喷洒地面，清洁和刺激土壤。

# 西洋蓍草502

作为一种有名的多年生植物，西洋蓍草是特别重要的生物动力植物。西洋蓍草夏季绽放的花朵会吸引草蛉等昆虫，还可以制作成富含硫黄的汤剂，用于控制白粉病。它在6种生物动力堆肥制剂的制作中都有应用。

高大直立的茎秆支持着扁平簇的小花

## 西洋蓍草堆肥的效用

西洋蓍草的根虽然很浅，却具有惊人的能力，能帮助土壤重获新生。西洋蓍草的茎秆像手指一样粗，向上生长，花朵可从大气中吸收碳、氮和其他元素，再将它们释放到土壤中。它们还可以捕捉微量元素。在堆肥中加入西洋蓍草，意味着土壤、我们种植的植物和我们所吃的食物，都会更有活力。

将西洋蓍草的花朵塞入雄鹿的膀胱中，悬挂晾晒。经历6个月的日光浴后，再埋入土壤中6个月，然后加入堆肥垛中。西洋蓍草的协同效应十分强大，只需要少量就可以让花园中的植物和土壤焕然一新。

浅根

# 材 料

干燥的西洋
蓍草花朵

温水

剪线钳

新鲜的西洋蓍草
花朵

雄鹿的膀胱，本
地品种欧洲红鹿
或者北美白尾鹿
的膀胱均可

绳子、剪
刀和碗

花园中使用的
铁丝

# 制作西洋蓍草502

西洋蓍草在盛夏开花。待每簇中的所有小花都开放了，在阳光明媚的日子剪下花朵。剪掉茎秆，确保它们不会刺穿膀胱袋子。在托盘上晾干花朵，放入罐子中储存，以备来年的早春使用。

1. 制作西洋蓍草浸泡液。将一把西洋蓍草花朵放入玻璃杯中，倒入温水（不需要滚烫）。花朵泡软之后，才不会刺破膀胱袋子。

2. 在距离膀胱尖处（尿道附近）大约2个手指宽的地方，剪出一个切口。

3.将膀胱浸泡至西洋蓍草浸泡液中。待膀胱袋子变软后，从西洋蓍草浸泡液中取出，分隔开膀胱袋子的两面，把膀胱袋子放在一边。

4.在碗中加入更多的西洋蓍草花朵，让它们吸收残留的浸泡液。用手轻轻地搅动，让干燥的花朵充分地吸收浸泡液中的水，就像新鲜烘焙的面包或者松糕一样，但是不至于滴水。

5.用手攥紧西洋蓍草花朵，挤出多余的水。

6.将西洋蓍草花朵放入膀胱袋子中。边装边用手指或者木勺将花朵压实一些，尽可能多地装入。

7.装满袋子后，用绳子系紧。记得清除膀胱表面黏附的肉类物质，以免引来小鸟或其他动物啄食。

8.将膀胱袋子挂在高高的树上或者屋檐下，选择干燥、向阳的地方。袋子必须保持完好。最好在袋子的周围用铁丝做一个网状的防护罩，以确保起风的时候它不会因撞击到任何东西而破裂，也可以预防小鸟和其他动物的侵袭。

### 6个月后的秋季

9.将袋子从树上取下来。在陶土花盆中放一层土，加入一些新鲜的堆肥，将膀胱袋子放入花盆，再加入一些土和堆肥，确保袋子和土壤充分接触。用石板或者木板覆盖花盆，以防将来挖掘的时候不小心破坏袋子。将花盆埋入大概30厘米深的坑中，让它在土壤中度过冬天。

![沙漏]

**6个月后的晚春或初夏**

10. 移开石板，挖出西洋蓍草堆肥。

11. 从花盆中轻轻地取出西洋蓍草堆肥，膀胱袋几乎一碰就碎，但是西洋蓍草依然保持原来的形状。

12. 用一把不太锋利的小刀，挑出西洋蓍草堆肥中的杂质、泥土和膀胱袋的残留物。

13. 将西洋蓍草堆肥捏碎，尽快装入玻璃罐或者外层有泥炭的陶土罐中储存，以免变得干燥。

西洋蓍草502制剂的应用

西洋蓍草502一般和其他5种堆肥制剂配合使用

·制作生物动力堆肥，详见第116页

·制作CPP（牛粪肥），详见第120页

·自制植物喷剂和液肥，详见第130页

·储存，详见第114页

# 洋甘菊503

洋甘菊是有助于"保持平静生活"的植物，可以给花园和园丁带来旺盛的生命力。它的浅根会在地下疏松土壤，使周围的其他植物更容易找到需要的水和养分。用洋甘菊花朵制作的浸泡液来浇灌植物，可以促进植物体内汁液的流动，有助于植物缓解压力，特别是在过于炎热或者寒冷的环境中。它的花也是用来制作6种生物动力堆肥制剂的其中一种原料。

## 洋甘菊堆肥的作用原理

堆肥中的洋甘菊花朵促进自然循环的方式为生长、分解、再生长，这是一种健康有效的方式，不浪费任何物质。它们既能促进堆肥中所有的原材料以正确的方式分解，也能稳定堆肥中的氮含量。洋甘菊503堆肥制剂也富含硫化物和钙化物，有助于堆肥降解过程中的内在的生命力的释放，确保这种生命力释放入堆肥中，而不是大气中。

## 洋甘菊"香肠"

像制作香肠一样，将洋甘菊的花朵塞入切成几段的牛肠中，然后埋入土壤里6个月，度过冬天。牛肠含有的物质可以促进植物健康生长，就像洋甘菊在堆肥中的作用一样。将装满了洋甘菊花朵的牛肠埋入土壤中，提升了洋甘菊净化土壤、保持土壤的活力、调节有机物降解的能力。在堆肥中加入洋甘菊503制剂，可以把这些提升生命力的特质带回花园。生物动力堆肥对于土壤来说更容易吸收，也就是说，植物更容易找到适量的水和养分，破土而出，健康生长，从而新的生命循环开始了。

# 材 料

制作洋甘菊浸泡液
的温水（已浸泡了
一些洋甘菊花朵）

牛肠（来自本地的生
物动力农场）

木钉　　　　剪刀

漏斗

绳子

干燥的洋甘菊花朵

# 制作洋甘菊503

## 洋甘菊还是小白菊？

　　洋甘菊的种类很多，因此，制作前得确认是否使用了正确的植物。真正的洋甘菊，也叫"德国洋甘菊"，常用来制作茶包，具有强烈、纯正的香味。经常和它混淆的是罗马洋甘菊，也叫"小白菊"，它的味道更苦一些。可以通过切开花瓣中间的黄心来辨认两者，洋甘菊是中空的，而小白菊则是实心的。

洋甘菊　　　　　　小白菊

洋甘菊的花心就像羽毛球一样膨胀，是中空的，最好在花瓣完全展开之前摘下它们

小白菊的花朵形状是比较扁平的，但是中间是实心的

把花摊开在托盘里，托盘的底部铺上网状纸或者吸墨纸。经常翻动一下洋甘菊，确保原有的清香，没有污染或者霉变

　　在洋甘菊的花朵没有完全开放之前，选择早春一个阳光明媚的早晨采摘洋甘菊的花朵，最好月球还未落下，这时候的花瓣应该是竖着的。在通风温暖的地方晾晒洋甘菊花朵，避免阳光照射，一般可以保存到秋季，用以制作洋甘菊503。干燥的洋甘菊花朵香味仍然很浓，因此，要将它们放在密封的玻璃罐子中，防止飞蛾、毛毛虫及老鼠的侵扰。

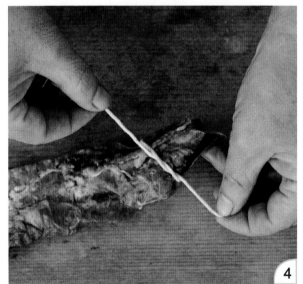

1. 将晒干的牛肠剪成25～40厘米长的段，去除残留的脂肪。

2. 将牛肠浸入温水中，直到牛肠变得柔软、湿润。

3. 用手指将牛肠撑开，去除全部杂质。

4. 用绳子将牛肠的一头系紧后放在一边。准备填入物。

**5**

**6**

**7**

5.制作洋甘菊浸泡液。将一把新鲜的或者干燥的洋甘菊花朵放入温水中，浸湿。

6.将洋甘菊花朵放在一个碗中，倒入少量的洋甘菊浸泡液，使花朵刚好湿润，但是没有吸入太多的水。

7.将塑料瓶子的顶部切下来一部分，就可以作漏斗，用牛肠套住瓶口。

## 可替代的方法

也可以使用西洋蓍草502制剂的制作方法（详见第80~85页）来制作洋甘菊503制剂，不过需要一年的时间，但它也许能更有效地吸收自然的能量。制作过程类似，如果早春采摘得到足够多的洋甘菊花朵的话，也可以直接使用新鲜花朵制作"香肠"，不用等它们变干。用铁丝网罩保护"香肠"，使其免受风、小鸟和其他动物的侵扰。悬挂在向阳的地方，3~4个月后（秋分前后）取下，埋入土壤中。

### 6 个月后的春季

11.春分前后，在蚯蚓变得活跃之前，挖出洋甘菊"香肠"，小心地刮去表面的泥土。

12.用小刀从中间纵向切开香肠，取出洋甘菊503堆肥。

13.碾碎洋甘菊503堆肥，让它们慢慢变干，然后放入玻璃或者陶土罐子中，用泥炭隔离。

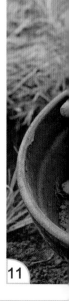

**11**

**8**

**9**

**10**

8.少量多次地将湿润的洋甘菊花朵填入牛肠内。用一根木钉（小木棍也可）将洋甘菊花朵压实。

9.不断地装入，压实，直到牛肠变得比较结实，但是不要太硬实，否则牛肠容易破裂。

10.新鲜的洋甘菊"香肠"可能会吸引穴居动物，因而需要在陶土花盆中用土壤和新鲜的堆肥掩埋后保存。用石板覆盖花盆，将花盆口朝下埋进大概30厘米深的土壤中，肥沃的腐殖质会形成厚实的"毯子"保护花盆。

**12**

**13**

使用洋甘菊503制剂

将洋甘菊503制剂和另外5种堆肥制剂配合使用。

- 制作生物动力堆肥，详见第116页

- 制作CPP（牛粪肥），详见第120页

- 自制植物喷剂和液肥，详见第130页

- 储存，详见第114页

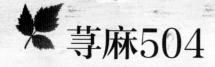

# 荨麻504

荨麻喜生于偏僻的地方，它是花园中真正的宝物。无论它们生长在哪里，它们所在的土壤都会变得更肥沃、健康，更有泥土的味道。荨麻也是良好的伴生植物，能吸引专食蚜虫的瓢虫。因为其非凡的土壤改良性能，荨麻常被制作成浸泡液、液肥和生物动力堆肥制剂，可以给花园带来很多益处。

## 独特的性能

荨麻有很多种类，但是多年生的异株荨麻，是生物动力花园中不可或缺的植物。它们自然野生在光秃秃的土地上，浅根具有超凡的能力，能将土壤深处的养分运输到表层的土壤（耕作层），其他的植物因此受益，得以茁壮成长。荨麻的花和种子都很小，很容易错过。它们生长在整个植株中央被遮挡的部分，这表明荨麻将其巨大的力量和生殖力集中在茎和叶上，这也解释了为什么触碰到它们的叶子会如此刺痛。荨麻完美又平衡地捕获了太阳的能量，吸收了大地中矿物质的养分。

## 荨麻堆肥的作用原理

荨麻504制剂是用荨麻的叶子和茎制成的，在向阳的地方将它们埋入地下一年。这既提高了植物在天与地之间的平衡协调能力，又提升了植物促进土壤再生和充实自己的能力。荨麻的刺非常坚硬，没有动物敢接近。将荨麻加入堆肥中，可以促进土壤适应各种植物的生长。荨麻504制剂通过保持液体的正常流动来促进平衡，比如：防止土壤板结导致的根系缺氧、缺水、营养不良；促进植物体内汁液的流动，防止植物因为干渴、养分不足或者病虫害而受损。

在盛夏花开的时节，它们的刺最坚硬的时候，采摘荨麻。

材　料

将枯萎变干的
荨麻轻微压缩
后再埋入土壤

# 制作荨麻504

1. 在盛夏荨麻开花的时候进行采摘。戴上手套，用镰刀割下荨麻的茎和叶。

2. 将采摘下来的荨麻放在阴凉处，使其自然枯萎，注意防雨。在炎热的盛夏，荨麻会很快干枯，在此期间你可以不断地添加更多的荨麻。

3. 切碎荨麻的叶、茎和花，放入陶土花盆中。荨麻富含铁元素，容易吸引蚯蚓，花盆可以保护它免受蚯蚓的干扰，而且更易于挖掘。

4. 在花盆中尽可能多地放入荨麻，用手压实。

5.用一块瓦片或者石板盖住花盆，用绳子固定。

6.选择开阔、向阳、排水良好的地方，挖一个可以埋入花盆的坑，要保证至少有30厘米厚的土壤覆盖花盆。

7.将花盆倒扣埋入，防止雨水侵蚀花盆。

8.用一些新鲜的堆肥和土壤填满坑，用几根木桩作标记，至少等待一年的时间。

### 15 个月后

9.挖出花盆，倒出堆肥。黑色的片状堆肥闻起来像是雨后森林的泥土气息。用拇指和食指搓碎堆肥，如果手指变得像墨水那么黑，就说明优质的荨麻堆肥制作成功了。碾碎或者压碎荨麻堆肥后，放入玻璃罐或者陶土罐中储存。

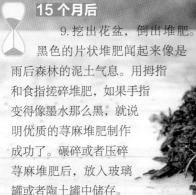

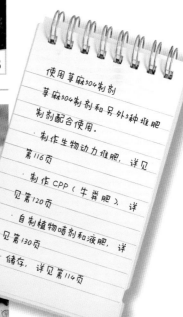

使用荨麻304制剂

荨麻304制剂和另外5种堆肥制剂配合使用。

· 制作生物动力堆肥，详见第116页

· 制作CPP（牛粪肥），详见第120页

· 自制植物喷剂和液肥，详见第130页

· 储存，详见第114页

 # 橡树皮505

橡树是最强壮、最高大、最长寿的植物之一。从小小的种子开始生命之旅，需要扎实、稳定的生长，并保护自己免受各种因素的侵扰，才能长成参天大树。坚硬、可以抵御寒冷气候的橡树皮为橡树的生长提供了坚实的保护，橡树皮深受生物动力园丁的喜爱。

### 橡树皮堆肥的作用原理

橡树皮堆肥可以保护植物免受疾病的侵扰。如果种植的土壤受到破坏，栽培的植物就会患病。生长过快或者过慢的植物，都容易遭受病虫害的侵扰。这是自然选择的结果，那些生长不平衡的植物会被淘汰。橡树皮堆肥可以改善土壤中的脆弱和不平衡，使所有的花园植物稳步生长，保持健康，就像橡树本身一样。

### 促进平衡

制作橡树皮505制剂，应先将橡树皮碎片装入动物的头骨，浸入水中，度过冬天。和橡树皮一样，动物的骸骨富含钙元素，而植物维持健康、平衡的生长需要适量的钙元素。当地球和月球处于平衡状态时，植物生长最好并能保持健康。将装有橡树皮的动物头骨放在水土平衡的地方，富含钙质的橡树皮能帮助花园保持平衡。

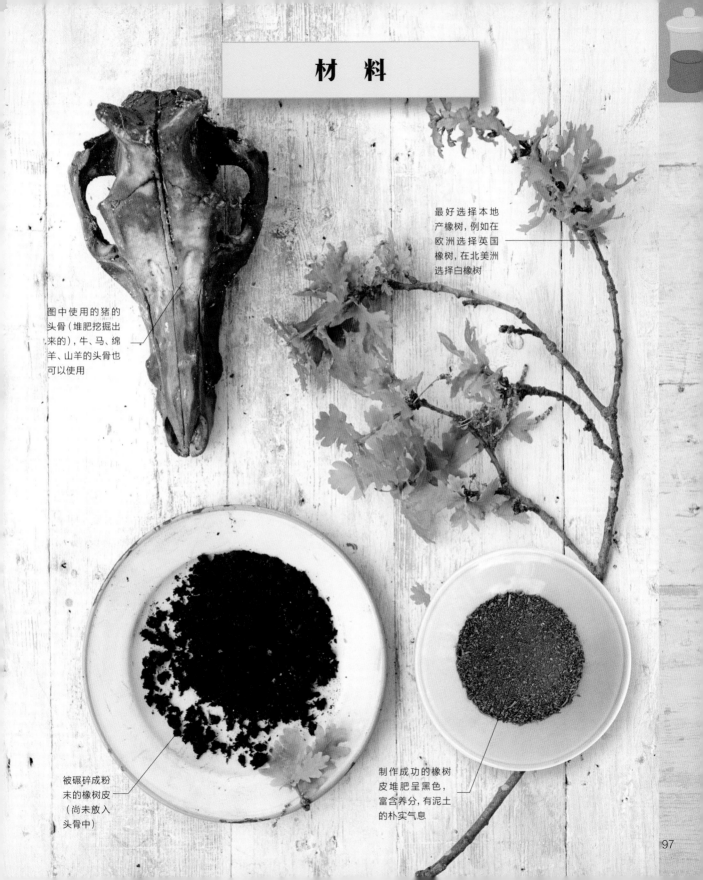

# 材料

最好选择本地产橡树,例如在欧洲选择英国橡树,在北美洲选择白橡树

图中使用的猪的头骨(堆肥挖掘出来的),牛、马、绵羊、山羊的头骨也可以使用

被碾碎成粉末的橡树皮(尚未放入头骨中)

制作成功的橡树皮堆肥呈黑色,富含养分,有泥土的朴实气息

# 制作橡树皮505

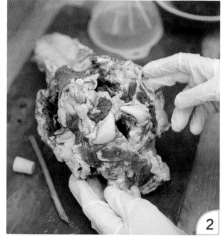

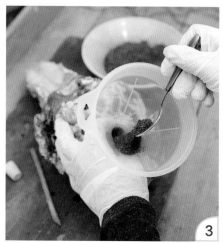

把一个盒子固定在树上，收集刮掉的橡树皮

1. 在夏末或者初秋选一个晴朗、干燥的日子，从成熟的橡树上收集树皮。用锉刀刮掉外层易碎的橡树皮。

⚠ **注意：** 佩戴手套和眼罩，以防被飞起的橡树皮伤到。

2. 请屠夫通过连接脊髓的头骨底部的洞（枕骨大孔）移除动物的大脑。注意不要破坏大脑的内膜，保持脑膜的完好。

3. 用漏斗向脑腔中装入橡树皮碎屑。

6. 制造类似沼泽地的环境。在大木桶中倒入一些雨水，不要加满，再加入一些土壤。

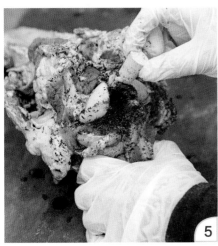

4. 尽可能多地装入橡树皮碎屑，用木棍压实，尽量排出腔体内的空气。

5. 用木塞或小块的骨头封口，用黏土封严。

7. 在木桶中加入一些树叶，它们将会在冬季腐烂。

8. 将头骨放入木桶内，尽量让它下沉，可以用大石块或砖头将其压下去。

9. 加入更多的落叶和土壤，确保头骨被完全覆盖。

10. 再次倒入雨水，用沉重的木盖覆盖木桶，防止动物侵扰。

11. 用水管连接木桶，确保木桶（模拟的沼泽地）内有新鲜的雨水，也就是说，当木桶内的水位低于木桶外的水龙头的高度时，就应该加入新鲜的雨水，保证常有新鲜的水流。

12. 轻轻地拧开水龙头，使水能偶尔滴出来，模仿沼泽地中的流水。

13

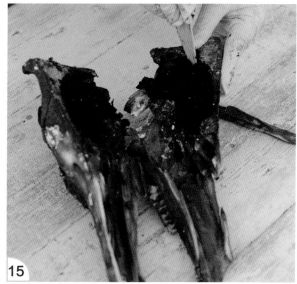

15

14

16

### 6个月后的早春

13. 从木桶中取出头骨，用干净的水轻轻地冲刷头骨。

14. 用凿子（或者锤子）和楔子轻轻地打开头骨。不要用力过猛，因为头骨在"沼泽"中浸泡6个月后不再坚硬，变得非常脆弱。如果头骨完全破裂，其中的填充物（橡树皮堆肥）将受到破坏。

15. 制作成功的橡树皮堆肥应该像泥土一样黢黑，且质地与泥土相同。

16. 用小刀刮出橡树皮堆肥，碾碎，放入玻璃罐或陶土罐储存。

使用橡树皮505制剂

橡树皮505制剂和另外5种堆肥制剂配合使用。

· 制作生物动力堆肥，详见第116页

· 制作CPP（牛粪肥），详见第120页

· 自制植物喷剂和液肥，详见第130页

· 储存，详见第114页

# 蒲公英506

　　顽强而又充满活力的蒲公英深得孩子们的喜爱，他们都喜欢吹散它那像毛球一样蓬松的种子。成年人可能会讨厌草坪上的蒲公英，但是从生物动力学的角度看，蒲公英那富有弹性的强壮根系，能突破密实的土壤，使土壤得以接受太阳和其他天体的能量，帮助其他植物共同茁壮成长。

## 蒲公英堆肥的作用原理

　　蒲公英506制剂为花园中的土壤提供内在的协调能力，从周围的环境中吸收足够多的光芒、热量、养分和水分。堆肥中的蒲公英不仅会吸收太阳的光和热，而且受到土星、木星、火星的平衡制约，还吸收地下的能量。蒲公英506制剂给予土壤内在的光亮和感知力，使土壤为植物提供了类似肝脏的排毒能力，精确地过滤出它们所需要的物质，生产出高质量、高颜值的美味食物。

蒲公英的花朵像黄色的"小太阳"，通过强壮有力的主根，和大地建立深深的连接。

制作蒲公英浸泡液的温水

材　料

牛的肠系膜（来自本地的生物动力农场）

绳子、针线、剪刀

干燥的蒲公英花朵

# 制作蒲公英506

花瓣会随着初升的太阳慢慢展开；在夜晚或者阴天时，花瓣闭合。尽量早起以采摘半开的花朵，还要避开传粉昆虫，因为花朵一旦经过授粉，就会结籽。

半开的花朵　　　　　　　全开的花朵

没有授粉的花朵，外层的花瓣展开，中心的花瓣闭合，像一个小小的松果。

全开的花朵，通常已经授粉，它们会变成蓬松的草种，不适合制作制剂。

　　早春采摘蒲公英的花朵，最好是在阳光明媚的早晨，花瓣没有完全打开之前就摘下。将采下的花瓣放入托盘中，放置在温暖、通风的地方，偶尔翻动，确保所有花瓣完全干燥。然后将花瓣放在玻璃罐或者纸袋中，以备制作制剂。

新鲜的蒲公英花朵　　　　干燥的蒲公英花朵　　　　弃用的草种

1. 制作蒲公英浸泡液。将干燥的蒲公英花朵放入温水中，浸泡几分钟。

2. 剪下20~35厘米宽的肠系膜，放入温暖的蒲公英浸泡液中，直到变得柔软、湿润，这样易于使用。

3. 对半折叠一片肠系膜，用针线缝成一个口袋。

4. 将蒲公英花朵放入碗中，倒入一些蒲公英浸泡液浸润。以花朵变得湿润，但是刚好不滴水为宜。

5. 将湿润的花朵放入肠系膜口袋中，尽量压实。

6. 用针线缝合袋子，使其变成一个"小枕头"。

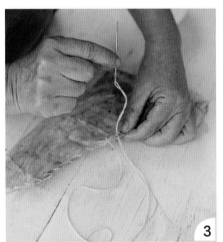

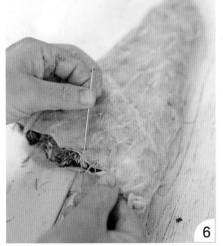

7. 某个阳光灿烂的秋日，最好选择月球下降期（月球经过和根有关的星座时），在地上挖一个60厘米深的坑，在坑的底部和四周垫上瓷砖，保护蒲公英"枕头"免受动物的侵扰。

8. 在坑中填入一些土壤和新鲜的堆肥，厚度大概20厘米。也可以使用陶土花盆，就像制作西洋蓍草502那样（详见第84页）。

### 可替代的方法

也可以使用西洋蓍草502制剂的制作方法（详见第80～85页），不过需要一年的时间。早春在向阳的地方将塞满蒲公英的肠系膜悬挂在树上6个月以越夏，这样可以更有效地吸收太阳的光和热。用一个铁丝网笼子罩住肠系膜，使其免受风、小鸟和其他动物的侵扰。6个月后，在秋分前后取下，按照本页的方法，继续蒲公英506制剂的准备工作。

9. 将蒲公英"枕头"放入土中，覆盖一些土壤和堆肥，再盖上瓷砖或者木板，而后再用30厘米厚的土壤填满。

10. 用几根木桩作标记，等待6个月，直到来年春季。

## ⏳ 6 个月后的春季

11. 挖出蒲公英"枕头"，肠系膜应该仍然是完整的，几乎没有破裂。

12. 用小刀割开肠系膜，取出蒲公英堆肥。它们闻起来可能"野味十足"，但也是正常的。

13. 将蒲公英堆肥放入一个盘子中，用手指碾碎，挑出其中的蚯蚓或其他蠕虫，将它们放入其他堆肥垛中。

14. 将肠系膜中的蒲公英堆肥尽量刮干净，储存在玻璃罐或陶土罐中。

使用蒲公英506制剂

蒲公英506制剂和另外5种堆肥制剂配合使用。

- 制作生物动力堆肥，详见第116页

- 制作CPP（牛粪肥），详见第120页

- 自制植物喷剂和液肥，详见第130页

- 储存，详见第114页

# 缬草507

缬草是一种多年生草本植物，原产于欧亚大陆，它的小白花含有异常丰富的磷元素。所有的植物都需要磷元素以吸收太阳的光和热。在生物动力花园中，缬草所富含的磷元素像一个能量开关，确保其他植物可以得到足够的光和热。

缬草的小小白色花簇，香味浓郁，深得昆虫的喜爱

缬草花冠的花朵半开的时候，就可以采摘了

## 缬草507制剂的作用原理

缬草507是唯一的液态生物动力制剂。将缬草花朵压实，浸入水中，萃取出液体，使用前稀释并动态化10～20分钟。将缬草507最后加入堆肥中，可以封存其他5种堆肥制剂所携带的有益生长力，并在被洒入土壤中时再释放，堆肥制剂有助于植物健康生长，从而为我们提供健康、丰富的营养。

## 温暖效应

在6种堆肥制剂中，缬草是唯一一种可以直接喷洒的制剂。其作用是在堆肥垛或地下土壤中调动磷活化菌。磷元素是植物生存、生长、繁殖必需的3种元素之一，另外2种是氮元素和钾元素。如果没有磷元素，植物的叶片无法吸收阳光进行光合作用。缬草提供的磷元素，给予植物生长的动力或者"意愿"，帮助植物与太阳的光和热紧密连接，使它们在寒冷的天气里保持温暖。洒入土壤中的缬草507制剂，也有同样的功效，会把吸收的光和热通过植物根系释放给附近的土壤。

# 材　料

未经稀释的雨水

木钉

漏斗

透明的玻璃瓶子和木塞，用来浸润缬草花朵

用于储存的深色玻璃瓶

绳子

用纱布或滤网来滤出液体

新鲜的缬草花朵

缬草507制剂配方
· 大概30克 新鲜的缬草花朵
· 150毫升温热的雨水
· 制作 大概100毫升 的缬草507制剂
· 用20毫升的小瓶子封存，放置在架子上，可以长期保存

# 制作缬草507

1. 在初夏采摘缬草花朵，连同花萼一起采下，最好是在夏至前后的月球上升期采摘，视天气情况而定。花簇中的每朵小花都会绽放，在盛开2周后，开始凋落，这是采摘的最佳时机。别忘了给昆虫留一些花朵。

2. 用漏斗和木棒将花朵装入透明的玻璃瓶中。

3. 用木棒压实瓶中的花朵。

4. 将雨水倒入瓶中至距离瓶口1~2厘米处。

5. 用木塞封口，压实木塞。

6. 用绳子系紧木塞，确保在花朵发酵的过程中，木塞不会被弹出。

7. 选择向阳且避风的地方，将瓶子挂在树上3天。

 **3 天后**

8. 从树上取下瓶子，如果瓶中的液体是透明的琥珀色，则说明制作的缬草507制剂质量极好。如果是浑浊的绿色，也表示制作成功了。

9. 用筛子、纱布或旧丝袜滤出液体。滤出尽量多的液体，残留的固体（缬草花朵）可以丢掉或者放入堆肥堆中。

10. 将液体浓缩物倒入绿色或者棕色的玻璃瓶中，留1~2厘米长的空间，用木塞封口。几周之后，液体将会变成透明的黄绿色，依然有着缬草的花香，但更加浓郁。

11. 和其他生物动力制剂一起保存（详见第114页）。平放瓶子，让木塞保持湿润，以防干燥萎缩。如果保存得当，缬草507制剂可以放置多年，香味依旧。

还有一种制作缬草507制剂的方法：采摘新鲜的缬草花朵，压榨出其中的汁液。制作方法非常简单，但是不易保存。如果缬草在保存过程中出现了霉斑，就不再适合做抗霜冻喷剂，也不适合和其他喷剂一起使用。

收集榨过的缬草花朵

将榨过的缬草花朵倒回榨汁机，榨出更多的汁液

收集新鲜压榨出的汁液

1.使用手动榨汁机压榨缬草花朵。这种方法相对温和，可以防止汁液氧化。

2.将缬草花朵放入榨汁机中，手动榨出汁液，将榨过的缬草花朵反复倒回机器中，尽可能多地榨出花朵中的营养物质。收集汁液后尽快储存，以免和空气接触后变色。

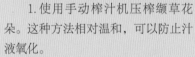

3.用漏斗将制作好的汁液倒入绿色或者棕色的玻璃瓶中，用木塞或者发酵帽封口，既可以防止空气进入，又可以释放出发酵过程中生成的气体。缬草507制剂可以和其他堆肥制剂一起保存。

# 应用缬草507

缬草507可以吸收光和热，将其加入堆肥堆中，可以保护其他堆肥制剂传递的生命力。在早春或者秋季，直接将缬草507喷洒入土壤中或者植物表面，其保暖特性可以用来防范霜冻。

## 动态化缬草507制剂

1. 用19倍的温和雨水稀释缬草507制剂，这种黄绿色的液体，有着强烈的花香。

2. 动态化制剂：顺时针搅拌，出现涡流后停止，破坏掉涡流，再逆时针搅拌，出现涡流后停止，破坏掉涡流，再次顺时针搅拌，如此反复进行10~20分钟。

3. 天气预报有霜冻时，在下午或者夜晚，使用缬草507制剂（稀释并动态化之后的）以细雾形式喷洒果树的花朵和其他植物，可以防范早晚的霜冻。如有必要可每天喷洒。缬草507会在植物表面形成温暖的保护膜以对抗霜冻的影响，因此我们才有可能吃到早花期（易受霜冻损伤）植物的果实，比如苹果。

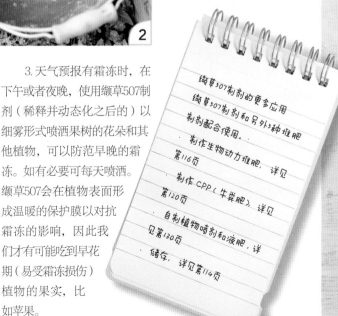

缬草507制剂的更多应用

缬草507制剂和另外3种堆肥制剂配合使用：

· 制作生物动力堆肥，详见第116页

· 制作CPP（牛粪肥），详见第120页

· 自制植物喷剂和液肥，详见第130页

· 储存，详见第114页

# 保存生物动力制剂

如果保存不当，生物动力制剂的肥力容易消散，因而最好使用泥炭绝缘层进行保存。泥炭是天然的抗辐射绝缘体，不仅可以防止生物动力制剂肥力的消散，还可以保护它们免受外界的辐射干扰，比如电源线和移动基站。生物动力制剂也可以在室内保存，但是生物动力园丁更喜欢将它们保存在土壤中。

　　1.在阴凉、干爽、没有积水危险的地方挖一个洞，放入一个木盒子。

　　2.在盒子中倒入一层泥炭，也可以使用纯净的椰糠。

　　3.将贴有标签的制剂罐子放入泥炭中。

4.将装满泥炭的棉袋或者麻袋放入盒子中。

5.用棉袋完全覆盖制剂罐子，让罐子完全被泥炭包围。

6.用盖子覆盖盒子，要有一定的倾斜度，这样有利于雨水的排放。最好使用石板，需要的时候易于打开，而且它的重量足以抵挡风寒和意外的撞击。

牛角肥500也应该保存在泥炭中，如果没有特别的地方保存的话，也可以放入盒子中，和其他堆肥制剂一起保存。

牛角石英501不适合和其他制剂一起保存。它需要保存在窗台等光线充足的地方，以便每天都可以吸收到阳光。

## 单独保存制剂

如果花园有足够多的地方也可以单独保存制剂，但要确保合适的保存条件。单独保存降低了它们之间互相干扰的可能性。可以使用很多的花盆，放入泥炭或者椰糠，将制剂罐子（包括牛角肥500）放入其中。使用充满泥炭的托盘作为花盆的盖子，最后再盖上一块石板。

# 生物动力制剂的应用
## 制作生物动力堆肥垛

在花园中使用堆肥制剂最有效的方法，是将新鲜制作的堆肥制剂放入堆肥垛中。当堆肥开始分解，堆肥制剂的功效将穿透整个肥堆，直到它们完全转化为有着泥土气息的黑色堆肥。

1. 在肥堆的底部铺上一层纤细的树枝，有利于底部空气的流动。

2. 放入一层富含氮元素的绿肥植物，与木质中丰富的碳元素相互平衡。

3. 放入一些碾碎的鸡蛋壳，增加堆肥的钙含量。

4. 再放入一层木质废料，以加速堆肥的分解。

5. 交替堆叠的绿色和棕色层材料，为肥堆中的细菌提供均衡的营养。

## 制作堆肥球

制作堆肥球，以防固体制剂（西洋蓍草502、洋甘菊503、荨麻504、橡树皮505、蒲公英506）被风吹走。将制剂裹入旧的堆肥或新鲜的泥土中，揉成球状，放进堆肥垛中。

将一些新鲜的泥土或者堆肥搓成球状，用手指在中心压出一个"坑"。

用手指捻一些制剂，放入堆肥球的"坑"中。

将制剂包入球中，将堆肥球再次捏成球状。

确保制剂被严实地包入球中。

6. 用新鲜的泥土或者旧的堆肥材料为每一种固态的堆肥制剂制作堆肥球。

7. 将堆肥球放入肥堆的表面。堆肥垛制作完成后，它们将会处在肥堆的中心位置。

8. 在堆肥中交替加入绿色或者棕色的材料层。记住，堆肥中碳和氮的理想比例为30∶1，因而每加入1桶棕色的木质材料，需要3桶的绿肥植物平衡碳和氮的比例。

9. 加入更多的碎鸡蛋壳，接着加入其他材料，直到堆满堆肥坑。

10. 用19倍的雨水稀释缬草507制剂，动态化10～20分钟（用手或者木棒顺时针搅拌，产生涡流，再逆时针搅拌，产生涡流，交替进行）。

11. 用刷子或树枝蘸取缬草507液肥后大滴地洒入堆肥，为堆肥提供肥力，同时保护其他堆肥制剂的肥力。最后用地毯、帆布、麻布或纸板覆盖堆肥，防止雨水的侵蚀，同时保持堆肥的温度。

## 制作生物动力堆肥的其他方法

如果你的花园很小，没有那么多的材料制作生物动力堆肥，你可以使用其他方法，将制剂加入其中。

很多园丁会持续地在堆肥中加入废料，这种"冷"堆肥方法需要更长的时间，但很实用。当你翻动堆肥的时候，可以顺势加入制剂，如果你不想翻动堆肥的话，使用木棍将制剂加入堆肥中。

将一根木棍插入堆肥的中间位置，左右摇晃木棍，形成滑道，将一个堆肥球滑入肥堆中。

用这种方法将木棍插入多处，形成滑道，将多个堆肥球滑入堆肥中。将堆肥中的洞封口，洒入动态化后的缬草507，最后覆盖堆肥垛。

牛粪肥（CPP）：用新鲜的牛粪（详见第120～125页）制作。在堆肥中加入一层CPP，可以激活所有制剂（502～507）的活力，让堆肥更有活力。

每次在堆肥桶中加入厨余或者绿肥植物之前，可以先加入一勺干燥的CPP粉末。

# 牛粪肥（CPP）

对于没有足够的材料制作堆肥的园丁来说，CPP是非常好的选择。CPP是20世纪70年代由玛丽亚·图恩发明的，她将牛粪长期放置于桶内，分解为堆肥，稀释后，直接喷洒于土壤。CPP有很多用途，也有很多名称：BC（堆肥桶）、牛粪精华。

将去掉桶底的木桶嵌入土壤中，确保肥料和土壤完全接触。

## 玛丽亚·图恩的堆肥桶

玛丽亚制作CPP的灵感来源于"桦树坑堆肥"，德国饲养牲畜的农夫冬天在牲口棚里储藏牛粪，循环使用。这些农夫参加过鲁道夫·斯坦纳在1924年开设的农业课程，因而他们明白，加入6种生物动力制剂（502～507）之后，肥料的肥力会大增，使用过肥料的土壤中的植物得到了新生。他们将牲口棚里的牛粪铲入长条的坑内，在坑内整齐地铺满一排排桦树树枝以确保空气流通，然后加入堆肥制剂，因而被称为"桦树坑"。几个月后，堆肥腐熟，呈暗黑色，充满泥土的味道，可以直接撒入庄稼地或者放牧牛群的草场。那些空空的"桦树坑"将再次被填满，创造可持续的良性生态循环。

玛丽亚的最初设想并不是做成像"桦树坑"这么大规模的堆肥垛，她的堆肥桶相当小，但是见效快，因而没有必要使用桦树树枝以促进空气流通。在桶内放入一把有助于降解的玄武岩粉末和一把富含钙质的碎蛋壳，然后在桶内放入牛粪，再加入堆肥制剂，最后等待堆肥的成熟。

用砖头垒砌的长条的坑，也可以代替堆肥桶。它可以确保堆肥垛的凉爽、湿润和通风，且堆肥可以和土壤完全接触。

## CPP 的益处

传统的堆肥制作受气候的限制，通常需要一年的时间，但是CPP的降解较快，一般只需要半年的时间。用料简单且见效快，使得CPP成为一种理想的生物动力堆肥制剂，CPP肥力十足，也包含了其他堆肥制剂的精华。在秋季使用CPP特别有效，因为它可促进土壤消化吸收落叶和上一个生长季节残留的有机质。

材 料

新鲜的牛粪（可以来自本地的生物动力农场）

西洋蓍草502

洋甘菊503

荨麻504

橡树皮505

蒲公英506

缬草507

碎蛋壳（平时注意收集，可以在烤箱中进行干燥处理，防止霉变）

玄武岩粉末（来自本地的生物动力农场）

制作CPP的原材料
· 大概20千克的新鲜牛粪
· 75克碎蛋壳
· 100克玄武岩粉末
· 2份西洋蓍草502
· 2份洋甘菊503
· 2份荨麻504
· 2份橡树皮505
· 2份蒲公英506
· 2份缬草507

# 制作 CPP 制剂

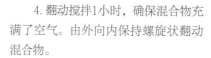

1.去掉木桶的桶底，嵌入挖好的洞中，露出1/3在地面上。

2.将牛粪倒在混合板上（或者其他坚硬的物体表面），撒入碎蛋壳，提升钙质含量。

3.加入玄武岩粉末，有助于有机物有效地降解，增加土壤的肥力。

4.翻动搅拌1小时，确保混合物充满了空气。由外向内保持螺旋状翻动混合物。

5.在木桶的内侧洒入一些水，防止堆肥制剂变得干燥。

6.将混合物倒入桶内，经过1小时的搅拌后，混合物应该呈摩丝状。

7.在混合物的表面，用木棍扎出6个小洞。

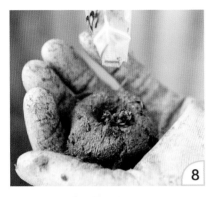

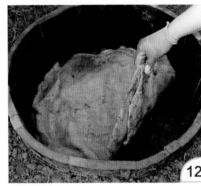

8. 为每一种固体制剂制作堆肥球
（详见第117页）。在手掌中，放一层混
合物，用手指捻一些制剂，裹入混合物
内，再将裹有制剂的混合物搓成球状。

9. 将堆肥球放入洞内，每个小洞
放入一种制剂，封严洞口。

10. 动态化缬草507制剂（详见第
113页），将其中的一半倒入最后一个
洞内，封严洞口。

11. 向木桶内的混合物表面洒入更
多的缬草507制剂。

12. 用最后一点缬草507制剂将麻
布袋打湿，覆盖混合物。麻布透气保
温，可以帮助CPP抵御极端天气。

13. 用大块木板或石板覆盖木桶，
木板或石板应保持一定的角度，防止
雨水的侵蚀和太阳的暴晒。

## 8周后

倒出混合物，沿着混
合板不停翻动搅拌。将混
合物重新倒入木桶内，在表面喷
洒动态化的缬草507制剂，并覆
盖混合物。CPP一般会在5个月
内成熟。

新鲜的牛粪

制作成功的CPP

# 应用 CPP 制剂

成熟的 CPP，像肥沃的土壤一样，颜色暗黑，质地细腻，有着朴实的泥土香味。CPP 充满了堆肥制剂的能量，活力十足，常常稀释后喷洒使用。

它的结构、质地和富含的微生物，会给土壤带来重生的活力。种植或移栽幼苗时喷洒 CPP 制剂，可促进植株健康生长。

当幼苗长出 4 片叶子时，使用 CPP 制剂，有助于它们茁壮成长。

## 动态化 CPP 制剂

1. 将一大把 CPP 浸入雨水中。CPP 和雨水的比例一般为 3 : 20。具体的比例要视土壤的状况和用途而定。

对于一般的地面喷洒来说，每公顷土地需要 37.5 升的水。

2. 用力搅拌 20 分钟，使其动态化。顺时针搅拌，出现旋涡之后改为逆时针搅拌，再次出现旋涡后再改为顺时针搅拌。如此反复，搅拌 20 分钟。

3. CPP 已经可以使用了。为了达到最佳使用效果，最好在地球"吸气"的阶段使用，比如月球下降期和秋季的下午。最佳喷洒土壤的时机是作物的根日，即当月球经过金牛座、处女座和摩羯座的时候。

将幼苗放在盛有CPP制剂的托盘里,让它们吸收1小时。

稀释的CPP制剂是一种极佳的叶面喷雾剂,使用时将它喷洒于叶片的背面。

稀释的CPP制剂也可作为一种土壤喷剂,用一把刷子蘸取后,洒在土面上。

将装满CPP原料的小袋放入喷壶中,以便在浇水时促进植物的生长。

在移栽时,向土壤中添加一把CPP原料。

# 树膏

　　一块光秃秃的土壤和一棵大树的树干有什么不同？答案：没有。至少从生物动力园艺的角度看，并没有不同。生物动力学认为，树干这一高高耸立的"圆柱体"，它的内在并不是木头，而是泥土。树枝上长出的绿叶和其他土壤中长出的可食用绿叶蔬菜，比如生菜、芝麻菜、菠菜，也并没有不同，树叶只是比它们高出地面一些而已。

当用刷子给树木涂树膏时，要确保树干的每个角度及每根小树枝都被刷到了，这样才能保证树木从树膏中受益。

## 树膏的益处

　　如果给土壤施用了强化生命力的生物动力制剂，或者可促进植物健康生长的牛角肥500、问荆508，或者像CPP这样的喷剂，果树结出的果实（比如苹果、李子、梨等）会更加美味。同样，如果给果树的树干施用了生物动力制剂，果实也会更加美味。树膏的作用亦是如此，冬季在树上刷一层树膏，或者在果树修剪后刷树膏，可令结出的果实更加美味。

## 树膏的工作原理

　　我们从地上拔出成熟的蔬菜后，在种植坑内埋入生物动力堆肥，可使表土和底土的活力更新。而对果树来说，最有效的方法是使用树膏。树膏被涂抹在树干的外层，作用于形成层——树干外部和内部之间的生长层。形成层就是嫩芽和新叶的"底土"或"根系"，树膏从外部为形成层提供了增强生命力的刺激，促进了树木内在的健康。

　　除了活跃植物的内在生长、维持营养供应以外，树膏还可以修补树干表面的缺口或者裂缝，这些通常是越冬的害虫（如苹果蠹蛾的幼虫）啃噬所致。这些害虫藏在苹果树和梨树等果树的树皮中，挖掘通道，直达果实内部，这就是为什么看起来很完美的水果，切开后却是坏的。

## 何时使用树膏

　　树膏看似疗愈了植物，事实上，它们疗愈的是植物的根部土壤，这就是为什么最好在月球下降期，即地球的"吸气"阶段使用树膏。一天中最好的使用时间是下午，当然也是因为这是地球的"吸气"阶段。当月球经过代表温暖的星座（白羊座、狮子座、射手座）时，对果树使用树膏效果最好。柑橘类的果树只需要对树干的基部使用树膏。

　　就像好的堆肥一样，树膏也可以在春天到秋天之间多次使用：落叶后，第一次使用树膏，可以强化树干和树枝；修剪树枝后，第二次使用，有助于创口的愈合，防止病毒感染；春天树木发芽的时候，第三次使用，降低被真菌感染的概率。因为随着气温回升，真菌也变得更加活跃。

# 材 料

包含了6种生物制剂的CPP

问荆508浸泡液，可保护植物，使植物免受真菌病害的侵扰

细沙（石英或者建筑用沙），可增加矿物质的含量

牛粪，浓缩了青草的精华，可提高植物的消化吸收能力

花盆中的黏土（膨润土），也可以增加矿物质的含量

树膏配方
· 1份黏土
· 1份细沙（或者硅藻土）
· 1份新鲜牛粪
· 1份牛角肥500
· 需要稀释的雨水
· 可供选择的问荆508浸泡液
· 可供选择的1把CPP

牛角肥500，将所有原料结合成一个动态的整体

# 制作树膏

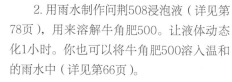

1. 将黏土或膨润土放入桶内，倒入一些雨水，用铁锹搅拌混合物，直到混合物变得细腻，没有结块。如果花园中有黏质土壤，可直接使用，放入桶内，加入雨水，进行搅拌，去除结块。确保去除小石子、木块、草根等。

2. 用雨水制作问荆508浸泡液（详见第78页），用来溶解牛角肥500。让液体动态化1小时。你也可以将牛角肥500溶入温和的雨水中（详见第66页）。

3. 如果要强化树膏，就在牛角肥溶液进行动态化的最后20分钟加入CPP，接着搅拌。

4. 将动态化后的溶液倒入装有黏土的桶内，然后逐步加入新鲜的牛粪，进行搅拌。

5. 慢慢加入细沙。用铁锹进行搅拌，铲碎大的结块，使混合物透气。如果混合物过于黏稠可以多加入一些雨水。

6. 成品的树膏应像制作煎饼的面糊或全天候漆那样黏稠。在树干上涂抹薄薄的一层即可。

7. 晚秋至早春，在修剪过的树木发芽之前，使用涂料刷涂刷果树和葡萄藤，一直刷至地面，树干切口或裂缝也要刷到，不要遗漏。刷一棵成熟的果树，大概需要 2 升树膏。将剩余的树膏倒入堆肥垛中。

如果有大量的树木需要施用，可使用质地细腻的膨润土或者硅藻土制作树膏。喷施时使用比较粗糙耐磨的喷头，并用旧袜子罩住喷头，以免堵塞。

129

# 增强液肥肥力

将堆肥制剂加入自制的肥料或者液肥中，对花园大有益处。可按照普通制作方法，伴随雨水浇入植物材料中。这里我们使用金盏花制作液肥，可驱赶蚜虫和蚋之类的害虫。

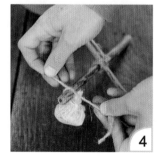

1. 制作堆肥球。使用成品的堆肥或者新鲜的土壤，为5种堆肥制剂（502~506）制作堆肥球（详见第117页）。

2. 将堆肥球裹入纱布中，用绳子系紧，确保它们浸入液肥中也不会松散。

3. 将两根木棒交叉，用麻绳固定。

4. 用麻绳在交叉的木棒的每一端绑一个堆肥球，依照惯例，在中心的交叉点固定荨麻504堆肥球。

5. 将固定好的堆肥球连同木棒一起放入液肥中。

6. 稀释缬草507制剂。将300毫升的水倒入玻璃瓶中，加入5毫升的缬草507制剂。让制剂动态化10~20分钟。

7. 将玻璃瓶盖严，水平放置。左右摇晃直到产生涡流，一直保持瓶子的水平。

8. 将缬草507制剂倒入液肥中。

9. 用一块干净的石头将所有材料压入液肥中。

10. 静置2周让液肥发酵，然后每天搅动。

11. 过滤液肥。每次使用前，稀释液肥并进行10分钟的动态化处理。如果是金盏花液肥则用10倍的水稀释。随时对植物进行喷洒，驱赶害虫。

## 最大限度地利用堆肥制剂

　　一点点堆肥制剂，就可以起到很大的作用，加入制剂的多少与液肥的量无关。为了最大限度地利用堆肥制剂，在作物生长的季节取得最大的收益，要尽早大批量地制作肥料和植物药剂。

将CPP悬挂在液肥（图中为海藻浸泡液）中。

加入堆肥制剂的杂草浸泡液，可以为植物提供更加丰富的营养。

用树叶包裹堆肥球并投入液体中（图中为液肥）。

# 制作除草剂

　　堆肥制剂强有力地抑制了病虫害对植物的侵扰，然而杂草仍然是个问题。将杂草种子烧成灰烬或者碾成粉末，可以有效地防止杂草的蔓延，而且不会像化学除草剂那样会在土壤和地下水中留下残留物，对野生动植物也没有不良的影响。

　　1. 在你需要去除杂草的地方，收集需要焚烧的杂草种子。最好选择月球上升期的果日（详见第200页）进行。

　　如果有两种以上的杂草种子，一定要分开处理。不要在焚烧之前将它们混合在一起，因为它们的灰烬也会互相影响，一定要单独焚烧。

　　2. 用木头将火烧旺，将杂草种子放入金属锅内焚烧。锅盖须有透气的小孔，这样既可以让烟雾散出去，又保留了草种的灰烬。最好在满月时进行。

　　3. 待灰烬冷却后，放入玻璃罐子内保存。火毁灭了草种的繁殖力。

## 将灰烬拌入沙子中

　　将1勺杂草种子灰烬掺入1/4桶的沙子中，搅拌10分钟，混合成"除草剂"，这些量可以施用0.4公顷土地。每年使用1次，在春分、夏至或者秋分前后连续使用3天。

## 向土壤喷洒杂草灰烬稀释液

和"除草剂粉末"一样，下面这种方法长期有效，可以施用于大面积的土壤并保持4年的疗效。

1. 用塑料袋套住杵和臼，研磨杂草种子的灰烬1小时，防止灰烬窜出。

2. 灰烬中加入9倍量的水，装入玻璃瓶内。

3. 摇晃瓶子3分钟，制成D1溶液。

4. 倒出一份D1溶液。

5. 在D1溶液中加入9倍量的水，装入玻璃瓶内，摇晃3分钟，制成D2溶液。

6. 重复步骤3、4和5，制成D4溶液，并保存在深色的玻璃瓶内。

7. 重复稀释，制得D8溶液。然后将一瓶盖的D8溶液倒入喷洒壶内。选择果日、月球下降期喷洒，喷洒之前，用锄头松土。下次选择根日（详见第144页）、月球上升期喷洒，使用之前，仍然用锄头松土。每次在清晨露水打湿泥土的时候喷洒。

生物动力园艺计划

*Biodynamic*
*garden*
*planner*

秋分之后，种植树木和其他多年生植物。

秋季，清理苗圃之后，喷洒CPP。

准备埋入牛角肥500，以备来年春天挖出。

收集橡树皮，制作橡树皮505制剂。

秋季并不是生长季节的结束，生物动力园艺的秋天是新的生命周期的开始。

# 花园中的一年

生物动力学的主要目标是，将你的花园转变成自给自足的生活有机体，而这一目标的实现有赖于园艺和自然季节周期的重新连接。

## 秋季的潜力

秋季是生物动力学的一年的开始，蕴藏着新的潜能。从秋分到春分，大地最富有活力，充满内在的生命力。因而，秋分是开始种植多年生植物（比如乔木、灌木和树篱）的最佳时机。

不管去年的堆肥中还剩了什么，只要没有被雨水和霜冻侵蚀过，就仍然富有活力，都可以埋入土壤中。利用这些堆肥种植新的果树，或者种植适合早播的蚕豆类植物。因而，秋季的主要任务是制作新的生物动力堆肥：制作橡树皮505制剂和那些在地下越冬的制剂，因为地球又开始"吸气"了。

## 冬季的安静

就植物的生长而言，冬天是一年中最安静的时候。即使如此，冬天的大地也不应该是光秃秃的：谨防土壤中的营养物质流失！因而，应该播种可越冬的覆盖植物如豆类、大麦、苜蓿、野豌豆，它们生长的同时也在保护土壤。如果你有大棚，你

保存最健康的植物种子，以备来年播种。

在植物的周围覆盖干草，既可以保持湿润，又可以抑制杂草的生长。

翻动肥垛，加入502~507制剂。

收集杂草，制作杂草浸泡液，将其中的营养物质返还给大地。

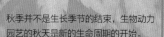

翻动空空的苗床，打碎土块，进行细耕。

用园艺无纺布保护娇嫩的草药和灌木，免受严寒的侵袭。

涂抹树胶，保护树木，免受越冬害虫的侵扰。

在晚冬播下种子，以待来年的早日收获。

可以在室内培育种子，等待春天移植到室外。在冬至之前，都不要试图去修剪果树。因为冬天进行修剪，果树容易染病，甚至因为霜冻的侵袭而死亡。

## 春季的生长

春季来临，太阳高高升起，它的光和热辐射更为宽广的区域，气温升高，大地渐渐变得葱绿。小鸟、昆虫和哺乳动物，又充满了活力，对于生物动力园丁来说，这是个繁忙的季节。

春季天气多变，越冬的植物收割之后，在天气适宜的时候，可以播种新的植物，或者移植幼苗。现在也是修剪果树和其他多年生植物的好时机，因为植物体内的汁液流动迅速，可以抑制害虫的侵扰。

## 夏季的收获

当春季渐渐过渡到夏季，制作生物动力制剂和花草茶所需要的植物可以收获了：首先是洋甘菊、蒲公英和西洋蓍草，然后到了盛夏是缬草、荨麻和问荆。

在这个季节，植物的生长最需要的是水。如果某天突然忘了浇水，一些喜水的绿叶蔬菜，比如菠菜、芝麻菜和生菜，可能会结籽，青花菜会变得像木头一样难吃。甚至堆肥坑都需要避免太阳的暴晒。

夏末至秋初，是收获作物和制作绿肥的高峰期。用牛角石英501制剂喷洒一年生作物和多年生果树，确保它们在天气转变之前成熟。一些植物也可以在收割以后喷洒，这样可以使果树中碳水化合物的产量最大化，通过枝条将其传送给植物的根，使其被土壤中的微生物所吸收。

春分意味着白昼从此长于黑夜；上升的太阳向上拉动植物体内的汁液。

在向阳、干燥的地方，高高悬挂西洋蓍草502制剂。

使用细雾喷头给作物喷洒牛角石英501制剂，如果需要的话，可以增加用量。

大滴喷洒牛角肥500液肥，增加土壤的肥力。

向含苞待放的枝头喷洒缬草507制剂，使其免受霜冻的侵袭。

# 了解植物的需求

如果年复一年地在同一块地方种植同样的植物，土壤就会失去平衡，矿物质耗尽，虫害猖獗，植物的产量和质量降低。为了避免这些状况的发生，需要轮种。

苗圃种植，更易于进行轮种。

植物主要分为3种类型：贪婪地吸收营养，让土壤变得更加贫瘠的植物；给土壤输送营养物质的作物；只要土壤准备好了，在新的季节里，就可以在任何地方生长的植物。播种之前，首先施用生物动力堆肥、自然降解的肥料，或者播撒绿肥。然后根据土壤的状况，确认种植植物的类型。显而易见，果树不需要轮种，芦笋、山葵、大黄、覆盆子和黑醋栗等多年生植物，也可以在同一块地方种植多年。

## 管理土壤肥力

生物动力种植者根据植物可食用的"器官"的不同，对其进行分类，但是如果以此作为是否轮种的标准，是不科学的。举例来说，如果轮流种植根类、叶类、花类和果类的植物，可以实现如萝卜、抱子甘蓝、花椰菜和芥末都在同一块地方长大。但是它们都是芸薹属植物，更容易引发虫害。因而，应该根据植物对土壤营养的需求度进行分类并轮流种植。

### 滋养土壤的  L +

豆科植物从空气中摄取氮，转化为植物可吸收的氮肥，给土壤提供净养分效益。适合随后轮种的，是缺少氮元素的芸薹属植物。

·豆子，包括法国菜豆、豌豆、蚕豆、荷兰豆

·绿肥植物，比如三叶苜蓿，可以在冬闲的土壤中进行播种，补充氮元素，防止土壤贫瘠

### 损耗土壤的  H -

葫芦科植物和茄科植物，都喜欢新鲜的施过堆肥的土壤（马铃薯除外，它更喜欢上个秋季施过肥的土壤）。其他需要重肥的植物，还包括芸薹属植物和叶类甜菜。

·芸薹属植物，比如卷心菜、抱子甘蓝和花椰菜。如果需要的话，在土壤中，添加石灰

·绿叶类植物，比如甜菜、菠菜和白菜，还有香芹和芹菜

·葫芦科植物，比如胡瓜、南瓜和黄瓜

·茄科植物，比如辣椒、番茄和甜玉米

### 中肥  M n

肥力需求适中的植物，通常能够利用轮种时任何剩余的肥力生长。但是你也可以使用CPP，帮助活化土壤微生物。

·洋葱

·大蒜

·香葱

·青葱

·较小的叶类植物，比如生菜

·胡萝卜

·甜菜

·防风草

# 各科植物的分类

　　每种植物都有从属的植物家族。相同植物家族中成员需要的生长条件相似。了解每种植物的习性，有助于你更好地照顾它们，获得较高的产量。

## 葱属

　　包括洋葱、大蒜、青葱、香葱和韭菜。

　　葱属植物喜欢的土壤，既不太酸，也不太肥沃，因而它们可以在芸薹属植物之后轮种。它们结实美味的球茎，喜欢通风良好的环境，但是谨防水涝。喷洒牛角肥500液肥，保持土壤的松散和排水通畅。喷洒牛角石英501液肥，有助于它们形成辛辣的味道，但是不至于过于强烈。

## 葫芦科

　　包括胡瓜、西葫芦、南瓜、黄瓜、葫芦、冬瓜和西瓜。

　　葫芦科植物需要从土壤中吸取大量的营养，在施肥良好的土壤中才能茁壮成长。它们也是最"干渴"的植物，需要定期浇水，同时它们也喜热，因而喜欢在向阳的地方生长。

　　葫芦科植物是蔓生植物，可以掐掉它们的芽尖或者侧枝以控制产量，改善风味。它们向上蔓延的枝叶可以节省空间，但是要确保它们可以支撑累累果实。

## 芸薹属

　　包括卷心菜、羽衣甘蓝、花椰菜、抱子甘蓝、大白菜、蕉青甘蓝、芜菁、小萝卜和芝麻菜。

　　耐寒的芸薹属植物，比如羽衣甘蓝、芽甘蓝和蕉青甘蓝，即使在最寒冷的冬季也能茁壮成长，但是容易感染根肿病（详见第141页）。它们喜欢氮元素丰富的土壤，因而可以在豆科植物之后轮种。不喜欢酸性的土壤，可以在土壤中撒入石灰。叶类的芸薹属植物需要频繁地浇水，它们可以从紫草、荨麻和海藻中吸取液体饲料，保持强壮。

## 茄科

　　包括番茄、马铃薯、辣椒、茄子。

　　茄科植物即便可以从土壤中贪婪地吸收营养，也需要悉心地照顾，投入精力是值得的，因为它们产量非常高。作为来自热带的果实作物，它们需要温暖的环境和肥沃的土壤。在寒冷的气候条件下，通过覆盖育苗令其在最后一次霜冻前发芽良好，这样直到秋季开始降温前，它们能有足够的时间慢慢成熟。在花期喷洒牛角石英501液肥，有助于促进它们的成熟。经常浇水和施用液体肥料，可以提高产量。

## 豆科

　　包括豌豆、豆子和许多的绿肥植物。

　　豆科植物可以被称作"不求回报的付出者"，它们的根给土壤输送了大量的氮养分（详见第140页）。它们很容易成活，但是卷须需要攀附一些支撑物。喷洒牛角石英501液肥，有助于引导它向上生长，吸收太阳的光和热。大部分可以食用的豆类在夏季生长，但是蚕豆可以越冬生长。可以播种野豌豆和苜蓿作为越冬土壤覆盖植物。它们可以保护冬季闲置的土壤免受冬雨的侵蚀，保持肥力，等待来年春季的播种。

## 甜菜类

　　甜菜类包括甜菜、唐莴苣、莙荙菜、菠菜、番杏和红滨藜。

　　甜菜类植物的叶子可以食用，甜菜的根和叶都可以食用。如果在刚刚施用过堆肥的肥沃土壤中种植可以快速生长的话，甜菜类植物的长势会是最好的。在干旱的天气条件下需要持续浇水，以防止其生长受到影响。喷洒问荆508制剂，防止疾病的侵扰，同时喷洒营养丰富的制剂，比如荨麻504、紫草和海藻。

# 轮种列表

每年轮种可以保持土壤的养分平衡。虽然生物动力学按照可食用的部分对植物进行分类——根、茎、叶、花、果实，但这并不是轮种的准则。

关键词
 根系
花
叶子
果实

唐莴苣和君荙菜
（详见第180页）

芥蓝
（详见第183页）

嫩茎花椰菜
（详见第172页）

## 轮种第一组

这一组的植物，无私地滋养了土壤。豆类植物可以从空气中摄取氮，然后运送到根部。当它们的根被挖出后，氮养分已经释放进土壤中，因而可以进行下一轮的种植。下一轮的种植对象通常是需要中肥或重肥的植物，比如需要大量氮养分的叶类植物。

大豆
（详见第208页）

红花菜豆
（详见第205页）

利马豆
（详见第208页）

四季豆
（详见第206页）

豌豆
（详见第204页）

蚕豆
（详见第207页）

## 轮种第三组

这一组植物适应能力非常强，包括根类和茎类植物，只要土壤质地松散、排水良好，它们可以种植在任何地方。它们对土壤肥力要求不高，只要施用过堆肥或其他有机质的土壤即可，不需要近期施肥。

洋葱
（详见第148页）

小葱
（详见第152页）

青葱
（详见第149页）

根芹菜
（详见第159页）

榆钱菠菜
（详见第195页）

甜菜
（详见第156页）

苦苣
（详见第193页）

菊苣
（详见第194页）

芥菜
（详见第185页）

蕉青甘蓝
（详见第157页）

羽衣甘蓝
（详见第187页）

## 轮种第二组

芸薹属植物，特别是叶类植物，需要充足的营养和水分，特别适合在豆科植物或者施肥良好的植物（比如马铃薯）后茬轮种。为了防止根肿病，最好间隔3年以上种植，或者在土壤中撒入石灰，保持土壤酸碱度的中性（pH=7），很有必要做详细的种植记录。

花椰菜
（详见第170页）

卷心菜
（详见第178页）

抱子甘蓝
（详见第179页）

茎蓝
（详见第184页）

西蓝花
（详见第171页）

小白菜
（详见第182页）

大白菜
（详见第181页）

蔓菁
（详见第162页）

芝麻菜
（详见第190页）

萝卜
（详见第158页）

多梗日本大葱
（详见第153页）

单梗威尔士大葱
（详见第153页）

韭葱
（详见第151页）

大蒜
（详见第150页）

芹菜
（详见第188页）

## 轮种第三组

（剩下的植物见第142页）

红菊苣
（详见第196页）

胡萝卜
（详见第161页）

球茎茴香
（详见第189页）

洋姜
（详见第165页）

## 轮种第三组

（接第141页）

（接第141页）

关键词

 根系

 花

 叶子

 果实

甘薯
（详见第155页）

生菜
（详见第191页）

欧洲防风
（详见第160页）

鸦葱
（详见第163页）

马铃薯
（详见第154页）

菠菜
（详见第186页）

婆罗门参
（详见第163页）

莴苣缬草
（详见第192页）

## 轮种第四组

这一组的植物适应能力也很强，几乎可以在任何地方生长。它们可以参与每年一次的轮种，但是不需要像其他植物一样每年都更换地方，但番茄是个例外。种植它们时，需要的土壤肥力为中度到强度，且需要经常使用液体肥料。

## 不需要每年轮种的多年生植物

这组植物一般不进行轮种，而是在同一个地方生长几年，甚至几十年，因此它

秋葵
（详见第217页）

甜椒和辣椒
（详见第214页）

甜瓜
（详见第227页）

黄瓜
（详见第210页）

南瓜和笋瓜
（详见第212页）

小胡瓜和夏南瓜
（详见第209页）

西葫芦
（详见第211页）

草莓
（详见第219页）

黏果酸浆
（详见第218页）

番茄
（详见第213页）

茄子
（详见第215页）

玉米
（详见第216页）

们对土壤和制剂的要求很高。种植前去除所有多年生的杂草，挖出种植坑，用泥土、堆肥、沙土填满，可以加入有助于排水的石子。

辣根
（详见第164页）

芦笋
（详见第197页）

柑橘类水果
（详见第236页）

海甘蓝
（详见第199页）

菜蓟
（详见第173页）

无花果
（详见第235页）

苹果
（详见第228页）

杏子
（详见第234页）

甜樱桃
（详见第230页）

酸樱桃
（详见第231页）

李子
（详见第232页）

水蜜桃
（详见第233页）

油桃
（详见第233页）

梨
（详见第229页）

大黄
（详见第198页）

黑加仑
（详见第223页）

红加仑
（详见第224页）

白加仑
（详见第224页）

醋栗
（详见第222页）

黑莓和杂交莓
（详见第221页）

覆盆子
（详见第220页）

蓝莓
（详见第225页）

蔓越莓
（详见第226页）

葡萄
（详见第237页）

摩羯座

金牛座

处女座

# 根日
## Root days

　　根日是指月球落在任一土象星座（摩羯座、金牛座、处女座）的日子。几乎所有植物都扎根在地下，对生物动力园丁来说，经过了连续高产和丰厚的储备，根日是培育根类、块茎、球茎类蔬菜（比如胡萝卜、马铃薯和洋葱）的最佳时期。大多数根类植物可食的部分生长在土壤之下。但是像韭菜这样可食用部分在地面上的球茎类蔬菜，最佳的生长时间同样是根日。因此，应该在根日准备好土壤，进行除草、挖地，为了能达到更好的效果，可同时喷洒牛角肥500液肥和CPP制剂。最好在下午，特别是月球下降期进行。

### 根日和月球周期

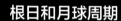

- 月球每隔9天经过摩羯座、金牛座、处女座一次，每个星座经过的时间为2~3天。
- 在北半球，月球经过摩羯座和金牛座时，处于月球上升期。
- 当月球经过最大的黄道带星座处女座时，处于月球下降期。

# 根日
# 应该做什么

由于摩羯座、金牛座、处女座和大地的特殊关联，我们可以在根日做任何有益于土壤的园艺工作，比如挖地、播撒堆肥、喷洒制剂。如果你需要种植或移植乔木、灌木或者多年生植物，根日是非常好的时机，植物会在土壤深处牢牢扎根。

· **月球处于下降期时**，地球在吸入，这是种植根类植物的最好时机，特别是山葵等多年生植物，也适合移植根类植物的幼苗。这也是向土壤喷洒制剂的最佳时机。

· **月球处于上升期时**，地球在呼出，这是对根类植物的顶部或枝叶喷洒植物浸泡液或者施用液体肥料的最佳时机。

· **满月之前的2~3天**，播种根类植物，有助于它们更好地发芽——这对于那些难以发芽的根类植物来说是一个绝佳时机，比如种植难度较大的欧洲防风。

· **满月和月球在近地点时**，尽量避免收获根类植物，此时采摘的话，植物会因"水"的影响在越冬储存时容易腐烂。

· **月球和土星对立时**，是栽种马铃薯等高产但是需要悉心呵护的植物的好时机。

甜菜

洋葱

月球下降期是施用堆肥的最佳时机。

在严寒、霜冻来临前，做好欧洲防风等根类作物的越冬储存工作。

根日，每隔9天对马铃薯进行培土。

满月前，撒播鸦葱属植物或其他根类植物的种子，以期它们更好地发芽。

根日，是使用堆肥制剂制作堆肥的好时机。

随时拔掉根类植物周围的杂草。

根日，适合移植或给根类作物幼苗分株，如甜菜等。

在下午，地球吸入的时候，向土壤喷洒牛角肥500或CPP。

月球处于下降期时，收获的根类蔬菜更适宜储藏。

在CPP中，加入502~507制剂，可以提高土壤的肥力。

收集橡树皮，制作橡树皮505堆肥制剂。

# 洋葱

　　洋葱生长缓慢，寿命却很长，气候干燥的情况下，成熟的洋葱可一直在土壤里存活。拔出来的洋葱，也能在室内储存。洋葱大小不一，颜色很丰富，有红色、白色，还有黄色。种植洋葱，既可以通过种子播种，也可以通过块茎繁殖（块茎是前一年的种子长出的不成熟球茎）。用种子播种，虽然工作量会大一些，却能收获各种外形美观、味道浓郁的洋葱品种。

### 土壤条件

　　洋葱喜欢向阳、光照充足、通风的环境及排水良好的非酸性土壤。种植前，施加生物动力堆肥或腐熟的有机肥，使土壤疏松。

### 播种

　　最好在月球下降期的根日播种洋葱。播种时，把种子埋入2厘米深的土壤中，间隔30厘米，之后夯实土壤，使洋葱长得更结实。

### 日常养护

　　洋葱在生长期需水量小，土壤过于湿润的话，球茎容易腐烂。摘掉花蕾，用手或锄头除草，不要碰伤球茎，锄地不要过勤，否则土壤疏松后容易干燥。春季或秋季，在月球下降期的下午，向土壤喷洒牛角肥500液肥，使土壤保持湿润。随着球茎膨大，用手轻轻刮掉表层泥土，帮助它们成形。喷洒牛角石英501液肥，可使洋葱更加美味、紧实。

### 收获和储存

　　当洋葱叶子枯黄倒伏时，就能采收了。轻轻松动根部，拔出后放在地上，让太阳晒干。洋葱的储存环境要干燥、凉爽、通风。不要和马铃薯放在一起，单独装在袋子或网兜里，放在架子上。

### 常见问题

　　如果长期处于潮湿天气，可于月球上升期在洋葱的所有部位喷洒刚刚制作的问荆508浸泡液，或对洋葱和土壤同时施用问荆508液肥，以预防真菌类疾病的发生。

## 采种

·洋葱是二年生植物，第二年开花结籽，应于仲夏后播种。如果冬天过于潮湿，早冬要移到室内，春天再移植回土壤中。

·用支撑物支撑开花的茎杆。当花朵变成棕色，在晴朗的日子，切下花茎，装入纸口袋内，变干后，摇晃口袋，种子掉落。

·要避免洋葱之间交叉授粉，只让一种洋葱开花，如果附近有其他种类的洋葱开花的话，需要隔离。

## 最佳伴生植物

　　据说洋葱的气味能驱赶蚜虫，因而所有的洋葱都可以作为伴生植物。最常见的组合是洋葱和胡萝卜。洋葱和甜菜、洋葱和西芹搭配，也是不错的组合。

洋葱能驱除胡萝卜蝇，同时，作为回报，胡萝卜的气味可驱赶洋葱蝇。

薄荷的芳香气味可以迷惑或者驱除洋葱蝇。

金盏花可吸引喜食蚜虫和洋葱蝇的食蚜蝇。

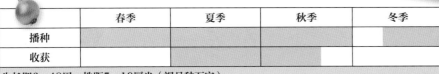

| | 春季 | 夏季 | 秋季 | 冬季 |
|---|---|---|---|---|
| 播种 | | | | |
| 收获 | | | | |
| 生长期6～48周，株距5～10厘米（视品种而定） | | | | |
| 轮种信息：轮种第三组，轻肥 | | | | |

# 青葱

青葱虽小，却比洋葱好种，特别是用球茎种植的时候。使用上一茬的青葱，每年都可轻松栽种。请注意，要选用直径在2厘米左右的健康青葱留种。

## 土壤条件

青葱喜欢通风、湿润、排水良好的非酸性土壤。种植前，施加充足的堆肥，使土壤疏松、透气。待土壤中的堆肥完全腐熟后，可使用牛角肥500代替CPP。施肥宜在月球下降期的下午进行。

## 播种

温暖地区的冬季、早春、仲春和秋末，只要土壤合适，均可播种，行距25～30厘米。为降低结籽风险，在月球下降期的根日开始播种，避开月球的远地点。

## 日常养护

气候干旱时应及时浇水以促进青葱扎根土壤。在土壤干旱、叶子打蔫时浇水为宜。为了增加青葱的香味，延长存放时间，一旦青葱结籽，在月球上升期的下午，就及时向青葱的苗尖喷洒牛角石英501液肥。

## 收获和储存

种植4～5个月后，青葱顶尖开始枯萎时，准备收获。早期生出的嫩叶，可采摘做调味品或调拌凉菜。成熟的青葱叶子坚挺稠密，不软塌。在阴暗凉爽、干燥无霜的环境里，青葱可以存放几周甚至数月的时间。可用编织袋、网兜或麻绳捆扎后，放置或悬挂起来，不宜放置在冰箱或潮湿的地方储存。发芽的青葱块根可用来做堆肥，嫩叶则可以切碎后拌沙拉。

## 常见问题

和洋葱家族的成员一样，青葱可抵御各种病虫害的侵扰，是一种优秀的伴生植物，其气味可驱散害虫（详见第148页）。若长出的新葱细小，说明土壤缺肥；葱叶发软，则说明堆肥尚未腐熟，或者肥力太过。

### 采种

· 青葱会像洋葱那样开花，可掐掉花冠，收获种子（详见第154页）。
· 冬末，在大棚内播种，间距2.5厘米，以备来年春季移植到室外。

## 种植

青葱通常紧紧围绕着中间的母株丛生。

将葱头尖尖朝上，埋入土壤中，露出尖儿。

新长出的青葱，簇拥在之前种植的一株青葱周围。

## 杂草伴生

青葱的四周可能被杂草覆盖，将杂草掐掉。如果连根拔出杂草的话，可能会伤及青葱的根系，导致植株停止生长。

| | 春季 | 夏季 | 秋季 | 冬季 |
|---|---|---|---|---|
| 播种 | | | | |
| 收获 | | | | |
| 生长期16～20周，株距15～20厘米 | | | | |
| 轮种信息：轮种第三组，轻肥 | | | | |

# 大蒜

大蒜容易种植，也极易储存，一年四季都可食用。从播种一粒完好健康的蒜瓣开始，完全可以在花园中实现大蒜的自给自足。用于播种的蒜瓣，不要从超市购买，而要在可靠的园艺店选购。

### 🔧 土壤条件

大蒜适宜在温暖、阳光充足的地方生长，土壤要排水良好且肥沃。如果是排水通畅的岩石土壤或者沙质土壤，则需要配合使用优质的堆肥，使土壤既能保水，又不至于积水引起蒜头腐烂。确保土壤具有良好的耕性。如果是酸性土壤（pH 值低于6.5）则需加入石灰。

### 🌙 播种

选择外形饱满的蒜头，去掉外皮，剥成一粒一粒的蒜瓣。在月球下降期播种，播种的前一天夜晚，使用牛角肥500液肥喷洒土壤，同时用一些牛角肥500液肥浸泡蒜瓣，有助于种子发芽。种植当天，蒜瓣要播种在施过肥的土壤中，尖朝上，头朝下，因为头是生根的地方。全年生长的大蒜要在深秋及冬末种植，它们需要经历春化后才会长得更好。

### 🔨 日常养护

土壤需要一点湿度，但不要太湿。只在天气特别炎热干燥时再浇水，同时，喷洒一些洋甘菊的浸泡液。用锄头除草时，注意不要伤到大蒜的球茎。

### ⭐ 收获和储存

在月球下降期，当大蒜叶子开始微微发黄，就表明可以采收了。选择春末至整个夏季的根日收获。用叉子轻轻地撬起大蒜头，注意不要擦伤。切掉根系，即可食用。储存大蒜，将大蒜的茎叶像编辫子似的相互编织在一起，挂在干燥通风的地方晾晒 1 ~ 2 周。

### 🍃 常见问题

两年之内种植过洋葱的土壤，不适合种植大蒜。如遇潮湿的天气，可喷洒新鲜的问荆508浸泡液，防止霉变。

## 采种（蒜瓣）

· 只有"硬脖子"大蒜才会抽薹开花，即使开花，也不一定结籽。你可以尝试采收大蒜的种子，但是结果一般令人失望。

· 夏季，可以在凉爽、干燥的地方，收藏一些健康、饱满的蒜头。

## 种植大蒜

每个蒜头大概有20个蒜瓣，每个蒜瓣都可单独种植。有破损或者长霉斑的蒜瓣要扔掉，因为在土壤中很快会腐烂。

将蒜瓣的尖朝上，插入土壤中，埋土，刚刚覆盖住蒜瓣即可。

当大蒜的叶子开始发黄枯萎的时候采收，用叉子轻轻地松动根部的土，避免损伤蒜头。

保留大蒜的叶子，编织成辫子状，以便悬挂在高处，晒干，储藏。

|  | 春季 | 夏季 | 秋季 | 冬季 |
|---|---|---|---|---|
| 播种 |  |  |  |  |
| 收获 |  |  |  |  |

生长期24 ~ 28周，种植深5厘米，株距15厘米，行距30厘米

轮种信息：轮种第三组，轻肥

# 韭葱

韭葱，从春天破土而出的嫩芽、夏天的幼苗，再到冬天成熟的植株都可食用，是花园里常年可见的一种蔬菜。因为可食用的葱白部分是厚实的茎，常被认作是根类蔬菜。通常，人们会把其一部分茎埋入土壤中，使其不见阳光而变成白色，就会有甜甜的味道了。

## 土壤条件

韭葱喜欢生长在明亮、通风的环境中，以肥沃且排水良好的黏质土壤为宜。可以在种植前，往土壤中添加一些腐熟的堆肥，也可以在前一茬施过堆肥的土壤中种植。在种植前或种植当天，洒入牛角肥500液肥。

## 播种

如果想早点吃上韭葱，可在冬至时节播种并覆盖保温，早春严寒过后，再移植到室外，初秋就能收获了。也可以在仲春至春末期间在室外播种，仲夏前移栽到苗床，冬季收获。等到幼苗长到15厘米高的时候，将茎深埋到土壤中，让其不见阳光，茎可变成白色。移栽时，选择月球下降期的根日，用挖洞器挖15厘米深的种植穴，植入幼苗，覆土，浇水时加入CPP。

## 日常养护

松土，除草。当韭葱的茎长高变粗时，不断垒土，覆盖住茎部。天气干燥时，用喷头浇水，防止土壤被水冲散。同时，用9倍的水稀释海藻肥或荨麻504液肥，朝韭葱根部土壤喷洒稀释后的肥料。

## 收获和储存

在月球下降期的根日，土壤干燥时收获韭葱。由于生长在地下，要储存在阴暗、通风的地方，通常可保存1~3个月。春播的耐寒品种，可一直在地里留到冬末。

## 常见问题

不要过早在根部垒土，否则泥土进入茎叶内容易导致茎叶腐烂。韭葱能抵御大部分疾病，还可以帮助邻近植物防范虫害的袭击。

### 采种

· 留下1~2株韭葱过冬，支撑住茎叶，来年夏天它们将会开花结籽。

· 当茎部开始发黄，剪下30厘米的花头。一株韭葱结的籽，可以满足两个种植季的播种量。

· 把带有花头的茎放在通风良好的室内，头朝下悬挂，待完全干燥后敲落种子。

· 种子放入纸袋，做好标记，放入密封容器中保存。

## 种植韭葱

不管是覆盖保温育苗还是室外育苗，最终都要将韭菜移栽到种植床上生长。因为韭葱的茎需要深埋，一定要避开阳光照射，葱茎才能变白。

移栽前修剪幼苗的根系有利其成活。

为每一株幼苗挖一个洞，轻轻放入幼苗，不要回填土壤。

给幼苗浇水，水会将土壤回填入洞中。

| | 春季 | 夏季 | 秋季 | 冬季 |
|---|---|---|---|---|
| 播种 | | | | |
| 收获 | | | | |

生长期4~5个月，株距13厘米，行距30厘米

轮种信息：轮种第三组，中肥

# 小葱

小葱的球茎呈红色或白色，叶子呈绿色，翠绿的颜色是凉拌菜中的"点睛之笔"，常用于亚洲菜系。生长条件和葱属的其他成员（如洋葱、香葱和青葱）类似。因为小葱比较细小，可以夹在蔬菜中间生长，是一种非常有用的间作植物。

## 土壤条件

小葱喜欢光照充足、排水良好的精耕型土壤，不喜欢过酸的土壤。播种前，要施上生物动力堆肥或腐熟的堆肥。如果花园土壤为黏质或沙质，则不适合种植，这种情况下，可使用盆栽方式种植。

## 播种

冬末或早春，在室内或大棚内播种，春末或夏天就可以食用。在早秋播种耐寒的品种可以在来年春季收获。如果冬季气候过于恶劣的话，用玻璃罩覆盖幼苗。在月球下降期播种，首先去除杂草，用犁耙松动土壤，在播种的前一天浇水，最好施用牛角肥500。播种间距可以小一些，用土壤覆盖种子，压实土壤。如果移植幼苗，首先挖出较深的洞，将幼苗的根捋顺，以免回填土壤压坏它们。每2周种植1次即可长期享用到小葱的美味。

## 日常养护

种子发芽的头三周，少量浇水，特别是在干燥的天气里。幼苗长成之后，停止浇水，除非旱灾发生。在间种或者除草时，不小心碰倒或者拔出幼苗，不需要用土壤填埋，通过浇水，就可以帮助它们复位。当幼苗长成但还没有完全成熟时，可于清晨在土壤中喷洒牛角石英501液肥，这样有助于小葱保持坚挺，风味更佳。月球和土星处于对立位置时，是施用牛角石英501的最佳时机。

## 收获和储存

在根系生长的日子，小葱长到15厘米长的时候，借助工具（叉子）松动土壤，可以将小葱连根拔出。也可以掐下或者剪下绿色的嫩芽，作沙拉的配菜。

## 常见问题

避免覆盖或过度浇水，否则小葱会变软或腐烂。软塌塌的葱叶还会招来洋葱蝇。

### 采种

·进行覆盖，保护植株越冬。
·春季，小葱的顶部会形成绿色的头状花序，结出黑色的种子。
·剪下结籽的茎，带到室内收获种子。
·为了避免交叉传粉，错开葱属植物的开花时间。

## 伴生植物

小葱的辛辣味道可以迷惑胡萝卜蝇，这使它成为胡萝卜等很多植物有益的伴生植物。在生长周期较长的甜玉米中间，也可以种植小葱。

## 紫色的小葱

小葱通常有着白色的茎和绿色的叶子，但是偶尔也会出现其他的颜色，比如紫色的球茎和茎。它们的生长条件及味道都和普通的小葱并无二致，却为餐桌上增加了一丝亮色。

| | 春季 | | 夏季 | | 秋季 | | 冬季 | |
|---|---|---|---|---|---|---|---|---|
| 播种 | | | | | | | | |
| 收获 | | | | | | | | |

生长期8周，株距2厘米

轮种信息：轮种第三组，中肥

# 大葱
## （多梗日本大葱和单梗威尔士大葱）

和大多数葱属植物不同，大葱没有球茎，但是它们的绿色或者白色茎杆可以食用，常用于亚洲菜系，或者拌在沙拉里生吃。大葱坚挺，多梗，有着绿色的嫩叶。单梗的大葱多作为一年生植物种植，看起来像韭葱，都是紧贴地面割掉白色的茎。

### 土壤条件

多梗和单梗的大葱都喜欢肥沃的土壤，特别是施用过腐熟的生物动力堆肥的土壤。它们喜欢向阳、通风的地方，以及质地细腻、排水良好的土壤。播种前锄两次，第一次促进杂草生长，第二次除掉杂草。春秋两季向土壤中喷洒牛角肥500液肥，初夏施用荨麻504液肥。

### 播种

宜在月球上升期的春季根日，播种一年生单梗威尔士大葱。耐寒品种适合在秋季播种，霜冻前，幼苗长到齐脚踝的高度，才有抵抗寒冬的能力。秋天，室内亦可播种，第二年春天移栽下地，夏天就可收获。播种时，要将大葱的种子浅埋，覆盖一层薄土，用耙子的背面轻轻地拍实土壤，并用添加过 CPP 的水浇一遍土壤，为大葱的生长提供一个良好的开端。

### 日常养护

因为多梗大葱的梗多，种植大葱的菜地会显得尤为稠密，所以必须手工除草。在菜园里放一块木板，站在或跪在木板上除草，可以避免脚踏土地压

实土壤。当大葱变得坚挺、茎长至植株1/3高度的时候，在月球上升期的清晨，喷洒牛角石英501液肥，当大葱即将成熟时，再喷洒1次。为了使茎变白，要在多梗大葱的茎周围垒土。

### 收获和储存

在月球下降期的根日收获单梗大葱。只要土壤上还有一些余留，它们还会不断地长出来。

### 常见问题

大葱一旦成熟，就不需要再浇水了。除了豌豆和芦笋，大葱适合和大多数植物一起共植。

### 采种

· 如有需要，加以覆盖，帮助大葱越冬。

· 春季，每一株大葱的顶端都会长出一个头状花序，随后会结籽，小心地剪下花序，放入室内储藏。

· 为了避免交叉传粉，错开葱属植物的开花时间。如果附近有其他种类的大葱开花，设法进行隔离。

### 日本大葱

这个品种的大葱，因其茎的味道浓烈而深受人们喜爱。这种植物比较耐寒，冬天不需要特殊保护，比其他的葱属植物更能适应贫瘠的土壤。它们的茎到第二年味道最佳。

花朵不仅可以留种，也可以食用，拌入沙拉中，或者放入汤中调味增色。

### 埃及洋葱

也被称作"树葱"。春天种植，夏天可收获茎杆顶端的球茎。产量虽小，但味道强烈，可以用来调味增色，或者制作酸菜。

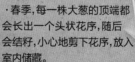

| | 春季 | 夏季 | 秋季 | 冬季 |
|---|---|---|---|---|
| 播种 | | | | |
| 收获 | | | | |

生长期12~14周，播种覆土2.5厘米，株距23厘米

轮种信息：轮种第三组，中肥

# 马铃薯

马铃薯是全世界最重要的农作物之一，富含纤维和维生素 C，可以用多种方式烹调。马铃薯生长缓慢，刚从地里挖出的新鲜马铃薯的美味，是超市里的马铃薯无可比拟的。

## 土壤条件

马铃薯喜欢阳光充足，排水良好、微酸性的黏质土壤。秋季的月球下降期，在种植前往土壤中施加大量腐熟的堆肥。同样在月球下降期，在种植前或种植时，向土壤中喷洒牛角肥500液肥。

## 播种

在月球下降期种植留种的马铃薯。早春，进行第一次早播；仲春，进行第二次早播；春末后种植的马铃薯才是主要农作物。头两批早播的马铃薯，放在室内的架子上，保持光照，避免霜冻，直到它们发芽。最好在月球处于远地点时进行种植，种植前在垄沟内撒一些切碎的紫草。

## 日常养护

长出叶子一周后，堆土，向土壤喷洒问荆508浸泡液，以去除真菌的孢子。几周后再次堆土，在叶子长得异常茂盛之前，喷洒两三次牛角石英501液肥，特别是在温暖潮湿的天气。在仲夏之前，避免在叶日或月球处于近地点时锄地或垄土，预防虫害和真菌疾病的发生。

## 收获和储存

在月球下降期进行采收。夏天，当花蕾开始形成时，挖出春季种植的第一批马铃薯。秋季，叶子开始死去，在第一次霜冻之前，挖出春末种植的马铃薯。如果在根日进行采收的话，马铃薯很容易保存。采收后，把马铃薯垒在一起储存，或者放在凉爽、通风的地方，加以覆盖。少量的马铃薯可以用纸袋储存。

## 常见问题

春季，如果天气预报有霜冻的话，前一天晚上对土壤喷洒缬草507液肥。种植马铃薯时不需要浇水，除非土壤特别干燥。干旱的夏季，可以浇水，但应一次浇透，不要经常浇水。确保垄沟里的土壤质地均匀，垄土所用的土壤也一样。这种条件下生长的马铃薯品质更好，收获起来更加容易。

### 保存（马铃薯）块根

·马铃薯可以用种子进行种植，但结果非常不可靠，需要2年才能产生有价值的收获。

·使用保存的马铃薯块根种植，比种子更可靠。在夏季或秋季收获个头较小但是健康无损的块根将它们储藏在黑暗、凉爽、通风的地方，直到来年春季再拿出来使用。

## 垒成堆储藏

少量储存时，可以放入纸袋中储存。如果大量储存的话，最好在室外将马铃薯垒成堆并覆盖干草，一直储存到来年春季。

选择阴凉、排水良好的地方，将马铃薯像金字塔那样垒成堆，用20厘米厚的干草覆盖，确保避光。

将马铃薯堆埋进土壤中，用土覆盖干草。

用铁锹背面轻轻拍实土壤，确保不会损伤马铃薯。

| | 春季 | 夏季 | 秋季 | 冬季 |
|---|---|---|---|---|
| 播种 | | | | |
| 收获 | | | | |

生长期20～24周，第一次早播，株距35厘米；第二次早播和种植，株距38厘米

轮种信息：轮种第三组，中肥

# 甘薯（红薯）

甘薯原产于南美洲热带地区，其实不是真正的薯类，而是旋花科的一个分支。甘薯味道甜美，可以烘烤，制作成薯泥或者薯片，富含维生素A、维生素C，以及钙元素和钾元素。其喇叭状的花朵，也为花园增色不少。

## 处理和储藏

为了提高甘薯的口感，在储藏之前需要进行处理。覆盖，保湿，维持30℃的气温，如果需要的话，可以每隔几天翻动一下，3周后存入凉爽、干燥的室内。不需要避光，甘薯不像马铃薯那样会变绿，几乎不用处理。

### 土壤条件

甘薯属于藤蔓植物，需要足够的生长空间，喜爱光照充足的全日照环境，必要时应遮阴。适合种在排水良好、施加了大量含腐熟牛粪或马粪的堆肥的沙质壤土。堆肥中切勿使用任何鸡粪堆肥，因为它们不能促进根的生长，只会让叶子疯长。

储藏之前，经过处理（右图）的甘薯，味道会更加甜美。

### 常见问题

避免过度浇水，特别是黏质土壤，否则甘薯的块根瘦小，而且无味。如果浇水适度，甘薯的味道仍然不够好的话，下次种植需要注意排水问题，可以将沙子含量为15%的生物动力堆肥埋入约20厘米深土壤中。

### 播种

甘薯的种植是从扦插薯苗开始的，薯苗可以在市面上购买。也可以用前一年储存的甘薯块根繁殖。种植时间，可在月球下降期，最后一次霜冻后或春分之后，根据情况来定。如有必要，对土壤加以覆盖，使其升温到12℃以上。将薯苗植入培垄，加入一些有年头的腐熟的马粪，作为"加热器"。将插条植入培垄中8～15厘米深，培土，只留顶端的两片叶子露出地面。

### 日常养护

新植入的薯苗，需要定期浇水，直到它们长大。在月球下降期，至少喷洒一次荨麻、紫草或者海藻制成的液肥，以刺激植株生长。小心翼翼地除草，以免损伤甘薯的块根。地上部分长大后，即使特别干燥的天气也几乎不需要浇水。

### 收获和储存

初秋，在叶子遭受第一场霜冻前挖出甘薯，否则不易储藏，容易腐烂。选择月球下降期，用耙子松动土壤，然后用手挖出甘薯。在

## 培育插条

· 从去年储藏的甘薯中，选择一块健康的块茎，平放入水中，放在向阳的窗台上需要几天换一次水。几周后，就会长出嫩芽，一旦嫩芽长到30厘米长，就应该掐掉。

· 将掐掉的嫩芽插入水中，直到它们长出根，可以种入花盆中，等待移出室外。

· 在干燥的沙地中越冬的块根，也可以长出"薯苗"，在春天给它们浇水，保温。每个块根上会长出五六个嫩芽，然后按照上一步进行处理。

| | 春季 | | 夏季 | | 秋季 | | 冬季 | |
|---|---|---|---|---|---|---|---|---|
| 播种 | | | | | | | | |
| 收获 | | | | | | | | |
| 生长期20～24周，株距75厘米 | | | | | | | | |
| 轮种信息：轮种第三组，中肥 | | | | | | | | |

# 甜菜

甜菜不需要很大的生长空间，既可以在市中心的小花园栽种，也可以在郊区大面积的田地里种植。甜菜富含滋养生命的维生素 B 和铁元素，易于烹调和储存。新鲜嫩叶还可以作绿叶菜食用。

## 土壤条件

甜菜需要种植在一个开放的空间里。它喜欢含氮量高的轻质土壤，上一茬种植过植物（比如芸薹属），且越过冬的含腐殖质土壤，很适合种植甜菜。

## 播种

春季，在室外播种甜菜，最好在月球下降期的根日或叶日，将种子播在2.5厘米深，行距30厘米的苗床上，撒上精心筛选的腐熟堆肥，确保播种后苗床的湿润。早春，在室外播种甜菜，需要设置玻璃罩。冬末，在室内用育苗盘育苗，日后再移到室外。早播的种子，只须埋入1厘米深，行距15厘米的苗床中即可。

## 日常养护

经常浅锄土壤，一方面防止杂草生长，另一方面防止浇水后土壤板结，直到甜菜叶片长大到能遮住杂草为止。叶片越多，甜菜的根膨得越大，就越不需要浇水。浇水也只是为了防止甜菜变得像木材那样干涩。

## 收获和储存

生长 8 周后，甜菜的根有一半露出地面时，即可采收。霜降来临前，甜菜根已完全露出地面，这时必须全部拔出，否则霜冻后，根会变得和木材一样干硬。保留甜菜中的汁液的最好方式，是拧而不是剪掉菜叶。作为主要农作物，甜菜可以放在冷室中的沙箱里越冬保存。为保持产量，尽量不要在叶日、黄道节点和月球处于近地点时采收甜菜。

## 常见问题

当天气仍然很冷的时候，避免过早地播种甜菜，否则可能过早结果。锄地或挖出甜菜时，避免损伤它的外皮，否则甜菜也会"流血"。

## 采种

· 种植20株同一品种的甜菜，避免让植株开花。

· 刨出它们的根，贮藏越冬。

· 春天，修剪甜菜根的顶部，再次移到室外，让它们在夏季开花。支撑起高高的花茎，防止它们掉落。

· 当花朵变得焦黄时，进行采种。避免和甜菜家族的其他成员在同一时期开花，比如瑞士甜菜（唐莴苣），以保持种子的纯净。

## 培育甜菜幼苗

甜菜和唐莴苣属于近亲，植株刚生根时，绿色的嫩叶可以采摘下来做沙拉。也可在花盆中播种甜菜，培育出幼苗后，连根拔起，就可以食用了。

## 甜菜家族

常见的甜菜多为暗红色，也有黄色或带条纹的甜菜。它们的培育和烹调方式相同，只不过着色更浅一些。

白萝卜可以长到35厘米长，烹调方式同冬萝卜。

|  | 春季 | 夏季 | 秋季 | 冬季 |
|---|---|---|---|---|
| 播种 |  |  |  |  |
| 收获 |  |  |  |  |

生长期8周，株距8厘米

轮种信息：轮种第三组，中肥

# 蕉青甘蓝
## 芜菁甘蓝类

蕉青甘蓝也被称为"芜菁甘蓝"，和同类相比，它个头较大，更接近球形，橙黄色的肉质根非常甜美，用来烘烤、蒸煮或炖汤都很美味。

### 土壤条件

蕉青甘蓝喜欢肥沃、排水性良好的土壤，但是不喜欢刚刚施过堆肥的土壤，且注意土壤不可过干。秋季播种之前，在土壤中施用腐熟的堆肥。也可在刚刚收获过豆科植物的土壤中播种，向土壤中喷洒 CPP 制剂。

### 播种

早春，当土壤变得温暖时播种，使用覆盖物防霜冻。在春末播种，则不用覆盖。播种的时间可一直持续到仲夏。当幼苗长到2.5厘米高时，开始分株。

### 日常养护

如果蕉青甘蓝的生长过程不缺养分和水分，也没有受到杂草的过多干扰，它的味道会达到最佳。锄地时，喷洒牛角肥500液肥，以抑制杂草的生长。当蕉青甘蓝开始膨大，在喷洒牛角肥500液肥以后，可再喷洒牛角石英501液肥。不要让土壤变得过于干旱，否则蕉青甘蓝会变得像木头一样干硬。

### 收获和储存

早播的蕉青甘蓝可在仲秋收获，随后播种的甘蓝也可相继收获。蕉青甘蓝耐寒，如果气候不是特别寒冷，它们可以一直待在地里，直到来年春天。在土壤表面覆盖一层厚厚的干草以抵御寒冷。如果地面冻结，可以用叉子小心地掘出蕉青甘蓝，防止擦伤。蕉青甘蓝可以存入沙箱里，放在凉爽干燥的地方储存。尽量在根日，而不是叶日，收获蕉青甘蓝，根日收获的甘蓝储藏效果最佳。

### 常见问题

天气特别潮湿时，喷洒橡树皮制剂或者问荆508液肥，防范霜霉病和白粉病。如果土壤过于干燥，蕉青甘蓝容易吸引跳蚤甲虫，在叶上咬出洞来。悬挂粘蝇纸捕捉甲虫，或者摇晃植物叶子，驱赶甲虫。如果出现了根瘤病，在土壤中撒入石灰，提高 pH 值。

### 采种

· 留一些蕉青甘蓝在土壤中越冬，次年春天将会开花。

· 初夏，一旦花蕾成熟，就可以采种。

· 蕉青甘蓝属于芸薹属，可以生产菜籽油。如果和其他芸薹属植物同时开花，可能会交叉传粉，因而要进行隔离，确保种子的纯净。

### 播种

细撒种子，减少分种的次数。保持土壤湿润，特别是在分种之后。避免"打扰"它们的成长，否则味道会受到影响。

### 红衣蕉青甘蓝

普通蕉青甘蓝的根上部呈紫色，下部呈白色。然而，有些品种则完全是红色，可为我们的餐桌增色。

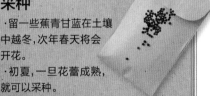

| | 春季 | 夏季 | 秋季 | 冬季 |
|---|---|---|---|---|
| 播种 | | | | |
| 收获 | | | | |
| 生长期至多26周，株距15～23厘米 | | | | |
| 轮种信息：轮种第二组，中肥 | | | | |

# 萝卜
## （水萝卜）

要种植物先从盆栽开始，如果一年后植物还活着，再养其他植物都不是难事，这个道理同样适用于蔬菜，萝卜就可以充当第一个盆栽植物的角色。水萝卜分夏萝卜和冬萝卜两个品种，从播种到成熟，夏萝卜长得最快，冬萝卜所需时间最长，个头也更大，味道比较辛辣。要想收获又甜又嫩的萝卜，就要精心规划和悉心照料。

 **土壤条件**

萝卜喜欢质地细腻、肥沃、湿润的土壤。添加生物动力堆肥和细碎的腐叶，可以快速改变干燥的土壤，使土壤变得湿润。或者在施肥之后的1～2年，种植其他的作物。在半阴的地方，成块地播种夏萝卜，以避免植株抽薹。

 **播种**

种植前，喷洒荨麻504液肥，改善土壤的质地。在每个月球下降期的开始和结束，每2周播种一批。春天播种，种子浅埋1厘米，夏季播种，种子浅埋2厘米。冬萝卜的播种要从夏末天气变凉时开始。

 **日常养护**

在适宜的土壤中少量播种，定期间苗，保持土壤湿润。为避免植物承受压力，应该在夜晚浇水，第二天清早，向土壤中喷洒洋甘菊或者西洋蓍草浸泡液。锄草时要小心。

**收获和储存**

播种4～6周后，水萝卜水嫩可口，可以拔出来食用。秋末播种的冬萝卜，需要6～10周，可以生食或者烹调。拔出萝卜后，去掉上部的叶子，存入沙箱，或者留在土壤中，用干草覆盖，抵御严寒，需要的时候再取出。

 **常见问题**

如果土壤过于干旱，或长时间不浇水，叶片上会出现许多跳甲虫留下的小孔。向土壤喷洒牛角肥500液肥和CPP制剂，使土壤松软，增强保湿性。

### 采种

·为了避免交叉授粉，错开种植时间，只允许一种水萝卜开花。至少留种20株萝卜采种，才能保证种子的质量。

·挑选那些最强健的水萝卜再植，间距25厘米，给种子留有足够的发展空间。如果需要的话，用支撑物支撑植株，在秋初采种。

·冬萝卜可以在冬季收获，也可以在土壤中越冬，在春天再植，夏季采种。

## 萝卜的种类

夏萝卜因其脆甜可口、肉质细嫩而受到欢迎，被广泛种植。然而冬萝卜和东方萝卜（白萝卜），也别有风味，同样值得种植。

夏萝卜红皮白心，通常拌在沙拉中生食。

冬萝卜皮厚肉硬，可以炖食，也可以拌在沙拉中生食。

白萝卜可以长到35厘米长，烹调方式同冬萝卜。

| | 春季 | 夏季 | 秋季 | 冬季 |
|---|---|---|---|---|
| 播种 | | | | |
| 收获 | | | | |
| 生长期20～24周，株距5～10厘米 | | | | |
| 轮种信息：轮种第二组，中肥 | | | | |

# 根芹菜

根芹菜的外表不太美观，但它那表皮粗糙的白色球茎，却富含人体所需要的维生素、矿物质和膳食纤维。根芹菜兼有欧洲萝卜和芹菜的浓烈味道，可以切碎后拌入沙拉中生食，也可以用于炖煮。

## 土壤条件

根芹菜喜欢阳光充足、湿润、排水良好、富含钾元素的土壤，如果近期施用过腐熟的动物粪肥，就更理想了。

## 播种

在室内播种，轻轻地覆盖一层沙质堆肥。根芹菜的发芽需要光线。室外种植时，需要挖出足够大的种植穴，以供其块根生长，但是不需要将其完全埋入土壤。在月球下降期的根日，移栽播种的幼苗。移出之前，在土壤中喷洒牛角肥500液肥。

## 日常养护

保证水分充足，可以预防根芹菜抽薹。特别潮湿的天气，或者月球处于近地点时，使用新鲜的问荆508浸泡液，以抑制真菌疾病的发生。在仲夏，用腐叶或紫草覆盖根芹菜，以保持湿润，抑制杂草。如果覆盖良好，浇水充足的话，不需要其他的液肥。在夏至和秋分之间，当根芹菜的球茎开始膨大，喷洒一次牛角石英501液肥，在下午进行喷洒，提高根芹菜的冬储性能。

## 收获和储存

用刀子从底部切下块根，留下它的根在土壤中吸引有益线虫。当根芹菜的根和叶，以及残留的覆盖物开始健康地降解时，向土壤中喷洒CPP制剂。将根芹菜放入沙箱内放在凉爽的室内越冬。

## 常见问题

确保使用了完全发酵的堆肥，减少蛞蝓的侵扰。在附近种植洋葱，以驱赶胡萝卜蝇。如果天气过于炎热，堆肥过于干燥的话，根芹菜的球茎可能开裂，变得干硬。如果没有堆肥的话，可种植豌豆作为覆盖植物，增加氮含量，改善土壤的排水性，增加营养吸收。

### 采种

· 至少种植12株同一品种的根芹菜，不要让它们开花。

· 让它在土壤中越冬，秋季挖出根，放在凉爽的室内储藏，春季再植。

· 让它们在夏季开花，花蕾成熟后采种，从植株顶部的花蕾开始，然后是侧枝。

· 根芹菜和芹菜如果同时开花，会交叉授粉。

### 预防霜冻

秋天可以收获根芹菜，但是它们也可以一直留在土壤中，需要的时候再进行采收。根芹菜虽然耐寒，但是惧怕霜冻，因而越冬时用厚厚的干草或无纺布覆盖它们的根部。

如果使用干草的话，仔细覆盖植株之间的位置，为防被风吹跑可酌情增加干草。

### 伴生种植

菜粉蝶不喜欢根芹菜和芹菜的气味，因而可以将根芹菜和芸薹属植物一起伴生种植以驱赶菜粉蝶，比如甘蓝、卷心菜。如果和菠菜、生菜、豌豆混植，还可以提高它们的产量。

| | 春季 | 夏季 | 秋季 | 冬季 |
|---|---|---|---|---|
| 播种 | | | | |
| 收获 | | | | |
| 生长期20～24周，株距5～10厘米 | | | | |
| 轮种信息：轮种第三组，中肥 | | | | |

# 欧洲防风

欧洲防风就像马拉松运动员一样，刚开始生长缓慢，通过努力生长，最终在冬天结出健壮的根茎。其根茎富含膳食纤维和维生素，还带有一股甜甜的坚果的味道。在人类发明糖以前，它们常被用来给蛋糕和果酱增加甜味。

## 土壤条件

适宜种植在向阳的地方。种植过芸薹属植物的土壤，肥力足，没有杂草，偏酸性，很适合欧洲防风的生长。含有紫草腐叶的堆肥，富含钾元素，适宜用于种植欧洲防风。新鲜的堆肥会使欧洲防风的根茎分叉。冬季，在月球下降期翻土，让霜冻破解大的土块，到了冬末，再整理20~30厘米深的土壤，移除硬块，让根有自由生长的空间。最后，精耕土壤，在播种前10天，用无纺布或玻璃罩覆盖，为土壤保温。

## 播种

一旦土壤达到理想条件，马上在月球下降期进行播种，每个种植穴放入3粒种子，覆土2.5厘米，间距10~15厘米（个头较大的欧洲防风则需要20厘米，行间距30~35厘米）。覆盖土壤之后，轻轻地压实。欧洲防风生长很慢，在它们发芽之前，可以间种水萝卜，有助于去除杂草。为了刺激种子的生长，播种时或播种后，立即喷洒荨麻504液肥，如果前一轮种植没有使用过紫草堆肥的话，也可以喷洒紫草液肥。

## 日常养护

小心地去除杂草，避免损伤欧洲防风的根茎。当它的顶端开始膨大，在月球上升期的清晨，喷洒牛角石英501液肥，以改善甜度和风味。如果需

要越冬室内储藏的话，在收获前的一个月，再次喷洒牛角石英501液肥。

## 收获和储存

欧洲防风的叶子开始枯萎时就可以收获了。欧洲防风耐寒，经过霜冻之后，口感更好，也可以一直在土壤中生长，需要的时候再拔出。如果天气预报有雪的话，用木条标记出垄脊，以便在雪后找到。欧洲防风在潮湿、寒冷的土壤中容易腐烂，存入沙箱中更易保存。

## 常见问题

欧洲防风的种子不易发芽，最好购买新鲜的种子。不宜在室内培育幼苗，因为欧洲防风移栽后很难存活。

### 采种

·选择至少20株同一品种的欧洲防风。
·让它们在土壤中越冬，在来年夏天开花。如果气候恶劣，冬天可移至室内过冬，春季再移栽到室外。
·用木条支撑高高的植株，当花蕾变成棕色，就可以采种了。将种子晒干后储藏。

## 成功种植的秘诀

欧洲防风的种子对土壤特别敏感，很难发芽。但是一旦发芽，就很容易养活。

轻轻地分开幼苗，留下最强壮的植株，浇水，回填土壤。

温暖的天气里，如果土壤过于干燥，欧洲防风的根会裂开或腐烂，因而夏季要经常浇水。

拔出欧洲防风，去掉叶子，放入沙箱内，在室内凉爽的地方储存。

| | 春季 | 夏季 | 秋季 | 冬季 |
|---|---|---|---|---|
| 播种 | | | | |
| 收获 | | | | |

生长期17~42周，株距10~20厘米（视品种而定）

轮种信息：轮种第三组，中肥

# 胡萝卜

人们最初种植胡萝卜，是为了药用而不是食用，因为胡萝卜富含维生素A、维生素B、维生素C、膳食纤维，以及钙等矿物质。胡萝卜很容易种植，占用空间小，无论生食或者烹调，都有甘甜的美味。

## 土壤条件

胡萝卜喜爱肥沃的土壤，但是施用过新鲜堆肥的土壤易导致肉质根分叉。在月球下降期，种植前，向土壤中撒上一层陈年堆肥（当然，在上一茬种植过芸薹属植物的土壤中种植胡萝卜最理想）。将完全腐熟的堆肥加入沙子，掺到石质的土中，建好苗床。优质壤土与陈年堆肥的比例为4：1。

## 播种

在月球下降期，播种前一天的下午，喷洒牛角肥500液肥，以促进植物根系生长。冬末直播快速生长的胡萝卜品种，用玻璃罩或冷床保温。仲春播种，长成后每14天即可收获一批。稀播的种子，间距15～30厘米，深1厘米，覆土、压平、浇水，7～21天发芽。可以间种水萝卜、菠菜或者生菜；在严重沙化的土壤中，间种小茴香和矢车菊，它们可以给胡萝卜提供磷元素，增加胡萝卜的甜度。

## 日常养护

当幼苗长出羽状叶子时，开始间苗，拔出的幼苗可以食用。苗期第一个月，保持土壤湿润。一个月后控水，干旱时再浇水。当胡萝卜的肉质根形成，露出地面变成绿色时，早晨向苗床喷洒牛角石英501液肥，以增加胡萝卜的甜度。

## 收获和储存

于月球下降期的根日收获前的30天，在下午喷洒牛角石英501液肥，以保持甜度，延长储存期。

## 常见问题

为了防止胡萝卜蝇叮芽，分株时，将分出的植株装入桶内直接带走，不要留在地上。在胡萝卜地的上风处，种植香葱以迷惑胡萝卜蝇。薰衣草株高可达60厘米，可以保护胡萝卜免受侵扰。

### 采种

· 在秋天，至少选出20株质量最好的胡萝卜幼苗，按常规方式种植，越冬。

· 在春天移植到室外，夏天花朵成熟后从顶部开始采种。

· 避免交叉传粉，在同一时期，只允许一种胡萝卜开花，确保同期没有其他的品种，或者野生的胡萝卜开花。

· 剪下变干的花序，用筛子筛选干净的种子，去掉干草。

## 根与土壤

胡萝卜的品种很多，从白色、红色到紫色。个头纤细的品种喜欢沙质的壤土。个头粗壮的品种，则喜欢密实的黏质土壤，但是透气性要好。

## 储存

胡萝卜可以留在土壤中越冬，只要土壤排水良好。但在紧密的土壤中，它们容易腐烂，因而应该及时采收后，存入箱子中，置于凉爽、干燥的地方。可以保存5个月。

在箱子中放一层堆肥，再放入胡萝卜，可以保存得更久。

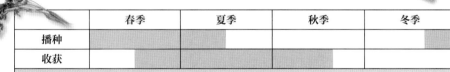

|  | 春季 | | 夏季 | | 秋季 | | 冬季 | |
|---|---|---|---|---|---|---|---|---|
| 播种 | | | | | | | | |
| 收获 | | | | | | | | |

生长期7～18周，株距2.5厘米，或4～8厘米（视品种而定）

轮种信息：轮种第三组，中肥

# 蔓菁

这种不起眼的根类植物外形很像蕉青甘蓝，相比较而言，蔓菁个头小，生长快一些，外皮白色，但也有红色品种。蔓菁可以生吃，味道甘甜。要想一年四季享用它，可以提早播种。蔓菁耐寒，种子很容易发芽。

## 土壤条件

蔓菁喜欢黏质、排水良好的壤土，半阴的地方最好。近3年内种植过芸薹属植物的土壤不适合种植蔓菁，贫瘠的土壤也不适合，否则蔓菁会生长不均且变脆。在月球下降期的下午，播种或播种前，喷洒牛角肥500液肥；气候温暖的时候，雨后立刻播种。

## 播种

冬末可以开始早播，但是需要覆盖保温；春末时，最好在月球下降期播种。最后一次霜冻之前，在施肥过的土壤中播种，可以在仲夏收获。之后每2~3周播种一次，直到夏末。秋季到次年春季均可采收。准备冬季收获的蔓菁，在播种之前需要清理土壤，去除早播的土豆和豆类作物。

## 日常养护

当天气干燥时，在清晨时分，喷洒稀释过的洋甘菊茶液；当天气潮湿时，用橡树皮制剂喷洒叶片，以防止真菌感染；早春，使用牛角石英501，可使蔓菁表皮光洁、致密；在收获前2周，向叶面喷洒荨麻504液肥可以提升口感。

## 收获和储存

早春播种的蔓菁，2个月后就可以生食，鲜嫩可口；春季播种的蔓菁，夏末可以食用它们的绿叶；春末播种的蔓菁，秋季可以收获；夏初播种的蔓菁，初冬可以采收，它们没有蕉青甘蓝那么耐寒。储存时去掉叶子，垒成堆，或者放入沙箱。

## 常见问题

如果蔓菁的个头太大，就会失去它们的奶油甜味和细腻的质地，因而应及时拔出来，味道最佳，而且容易削皮切块。

### 采种

· 如果在同一时期开花的话，蔓菁会和芸薹属的其他植物交叉传粉，比如大白菜（详见第181页）。

· 留下一些植株在土壤中越冬。气候过于寒冷时，移植到室内，春天移出到室外。

· 这些植株会在春季开花，用木棍或树枝支撑过高的植株以免倒伏。

· 当花朵开始枯萎，就可以采种了。

## 种植蔓菁

将种子直接撒入土壤中，深2厘米，间距20~30厘米。潮湿的地区，宜浅播，但应筑垄，以利于排水。长出幼苗后，根据情况，可以分株。

分株：肉质根细长的品种，间隔5厘米；个头浑圆的品种，间隔15厘米。

干燥缺水会导致蔓菁的肉质根干裂，招引跳甲虫，这种甲虫主要破坏叶面。

当蔓菁长到高尔夫球大小时，就可以拔出来了。

| | 春季 | 夏季 | 秋季 | 冬季 |
|---|---|---|---|---|
| 播种 | | | | |
| 收获 | | | | |

生长期9~42周，株距5~15厘米（取决于季节和品种）

轮种信息：轮种第二组，中肥

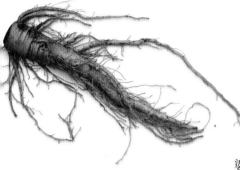

# 婆罗门参
# 和鸦葱

婆罗门参和鸦葱，可以说都是美味佳肴，它们的根营养价值极高，味道苦涩，却有着牡蛎的鲜美风味，因而它们也被称作"牡蛎植物"或者"蔬菜牡蛎"。婆罗门参有着白色、厚实的根，被称为"黑色的婆罗门参"，鸦葱的根则纤细黝黑。

## 土壤条件

婆罗门参和鸦葱虽然生长缓慢，但是容易存活，只要土壤满足以下的条件：质地细腻，沙质但是没有石子，深达30厘米。最好是向阳的地方。为了避免黏土和壤土结块，在秋末埋入腐熟的生物动力堆肥，或者夜晚的时候在土壤中喷洒CPP制剂。也可以在秋天，对土壤喷洒牛角肥500液肥，刺激土壤生物，促进土壤分解，然后在播种之前，在下午喷洒CPP制剂，将降解过程转变为土壤的再生过程。所有的土壤准备工作，都应该在月球下降期完成。

## 播种

最好在月球下降期，早春的下午，播撒种子。播种覆土3~4厘米。幼苗长出后进行分株，留下最强壮的植株。

## 日常养护

种子的发芽过程很慢，因而需要浇透水。在整个生长季都需要及时清除杂草，特别是种子的发芽期。在春分前后的下午，给植株喷洒牛角石英501液肥，以增添风味。

## 收获和储存

从仲秋开始，植株长到30厘米长时就可以收获了，在月球上升期进行收获。婆罗门参和鸦葱都很耐寒，如果有干草覆盖保护的话，可以在土壤中越冬存活。但时间过长，婆罗门参口感会变差。可以采收后将它们的根存入地窖内，保存到春天。去掉顶部的叶子，更易保存。

## 常见问题

将鸦葱和胡萝卜间种，可以驱赶胡萝卜蝇。

### 采种

· 留下至少20株婆罗门参或者鸦葱，不进行收割。

· 照常种植，让它们在室外越冬，它们会在夏季开花。婆罗门参的花是紫色的，鸦葱的花是黄色的。

· 当花蕾开始枯萎时采种。

## 收获

用铲土叉或者小铲子，挖出婆罗门参或鸦葱，注意不要损伤它们细长的根，否则它们很快就不新鲜了。

## 美味佳肴

婆罗门参和鸦葱在土壤中越冬后，会在夏季开花，可以在它们的花苞即将开放时，连同10厘米长的茎一起采摘，可以做馅，或者像芦笋那样烹调。

食用当天再采摘花苞，否则它们会很快变质。

| | 春季 | 夏季 | 秋季 | 冬季 |
|---|---|---|---|---|
| 播种 | | | | |
| 收获 | | | | |

生长期30~46周，婆罗门参株距15厘米，鸦葱株距30厘米

轮种信息：轮种第三组，中肥

# 辣根（山葵）

辣根很容易种植，可以利用花园里被遗忘的角落来种植它。它有一股刺鼻的辛辣味道，应该在水中清洗、削皮，以避免刺激眼睛和皮肤。辣根可以作为调味品，加入冷热菜品中，比如传统的辣根酱，用于烹饪各种肉类和鱼类菜肴。也可以作为制剂应用于果树，能有效地防治真菌疾病。

## 土壤条件

辣根生长在阳光下，但偏爱半阴环境，喜欢深厚、肥沃、湿润的土壤，太涝或者太干都不适合。虽然多被当作种子繁殖的一年生植物，但是它更容易从收获后土壤中留下的根开始生长。

## 播种

在月球下降期，从冬末到初春，都可以播种辣根。然而，一般都是从头年选留的种根开始种植。在月球下降期，最好是下午，切掉种根上部的1/3，将剩下的部分植入土壤约5厘米深，稍微倾斜，回填土壤和堆肥。

## 日常养护

特别干燥的天气需要浇水，除此之外，辣根几乎不需要照料。

## 收获和储存

辣根在9个月后成熟，在第一次霜冻之后，月球下降期，拔出辣根，其个头、味道都达到了最佳状态。也可以留在土壤中越冬，需要的时候，随时采收。采摘后，如果量很多的话，垒堆储存入凉爽的沙箱中，量少的话，可以装入塑料袋内，放冰箱储藏。

## 常见问题

辣根属于十字花科植物，所以应避免在其他十字花科植物生长的土壤中连作。如果每年种植、收获的话，辣根是不会开花的。如果辣根在第二年开花，掐掉花苞。用手而不是用锄头除草，避免损伤。不要让丢弃的根重新生长在不需要的地方。

### 种植辣根

· 辣根虽然会开花，但是并不会结种子。

· 辣根是通过挖秋根，割掉小侧根来繁殖的。

· 将侧根储藏入沙箱内，覆盖越冬，或者放入干燥的堆肥桶内贮存。

· 春天，在花盆内重新种植辣根的侧根，春末长出幼苗后，移栽到室外。

## 辣根浸泡液

可以用于保护果树，如油桃、桃树和李树，免受真菌和褐腐病的侵扰。春夏之际，喷洒2次。

将30克的辣根或叶子，切成块。可以在水中将辣根切成丁，以免刺激眼睛。

将辣根或叶子，放入锅内，加盖煮沸后冷却24小时，不需要揭开盖子。

滤出冷却后的浸泡液，适用于仲春至春末，以及夏末时期喷洒果树。

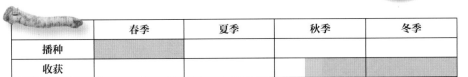

|  | 春季 | 夏季 | 秋季 | 冬季 |
|---|---|---|---|---|
| 播种 |  |  |  |  |
| 收获 |  |  |  |  |

生长期20～24周，株距20～30厘米

轮种信息：无轮种，中肥

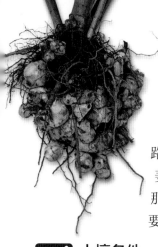

# 洋姜

洋姜英文名意为"耶路撒冷洋蓟"，但是它和耶路撒冷没有任何关系，而且也不属于洋蓟家族。洋姜就像有坚果风味的小型马铃薯，但是没有马铃薯那么高的茎杆，可以多年在一个地方生长，直到需要的时候移出。

## 土壤条件

洋姜喜欢湿润、排水良好、透气性良好、富含腐殖质的土壤，不要太酸（pH值低于5）。在月球下降期种植，在种植之前，向土壤中埋入大量的生物动力堆肥。

## 播种

购买鸡蛋大小的洋姜块根，待土壤条件适宜时，在月球下降期进行种植，植入10~15厘米深。

## 日常养护

在月球下降期，秋季和春季，向土壤喷洒牛角肥500液肥。茎杆长出后，去除杂草，在根部垒土。经常浇水，给日渐丰满的茎杆提供支撑力。在月球下降期，喷洒西洋蓍草502、蒲公英506、洋甘菊503或紫草浸泡液。如果有富余的话，在雨后也可以喷洒一些荨麻504液肥，保持土壤透气。在夏末，掐掉顶端长出的所有花朵，让植物的能量集中在根的形成上。在此之前的1~2周，在月球上升期，喷洒牛角石英501液肥。

## 收获和储存

在月球下降期，从初冬到来年春季，都可以采收洋姜的块根。需要拔干净，否则会重新长出。在潮湿的土壤中，将洋姜储存在干燥、无霜冻的地方。

## 常见问题

在收获的季节，用干草或玻璃罩覆盖地面，防止霜冻伤害植株。如果需要的话，用木条标记出种植行。每年给苗圃施用新鲜的生物动力堆肥，每隔4~5年，创建新的苗床。可使用松子提取物防范蛞蝓的攻击。

### 采种

· 春季，使用块根种植洋姜。

· 在整个夏季都可以正常的方式种植，秋季拔出洋姜块根。

· 留一些鸡蛋大小的块根，存入沙箱（加覆盖）或者堆肥罐中。

· 春季，在室内的花盆中培育幼苗。一旦霜冻解除，就可以移栽到室外。

## 节省能源

洋姜很特别的地方是，有的植株每年夏天开花，有的永不开花。无论如何，及时剪掉花苞，可以节省能源，虽然用洋姜插花很漂亮。

## 防护栏

洋姜的茎杆很高，而且枝繁叶茂，因而是花园中天然的防护栏。在花园或苗床的边缘种植洋姜，如果需要的话，给它们细长的茎杆提供支撑物。

| | 春季 | 夏季 | 秋季 | 冬季 |
|---|---|---|---|---|
| 播种 | | | | |
| 收获 | | | | |

生长期30~36周，进行网格状种植，株距30~45厘米

轮种信息：轮种第三组，中肥

水瓶座

双子座

天秤座

# Flower days 花日

　　花日指的是，月球经过水瓶座、双子座和天秤座的时期。可食用的开花植物，比如菜蓟、花椰菜、西蓝花，在花日培育则会品质优良，产量较高，而且容易储存。观赏性花卉和灌木也会受益于这些代表空气流动的星座的节律，蜜蜂和其他有益的昆虫会采食它们的花粉。这个时期采摘的花朵香味浓郁；宜修剪植物，也有利于长出更加强壮的侧枝和更多优质的花苞；制作的干花，也会更长久地保持形状和色泽。

## 花日和月球周期

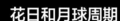 月球大概每隔9天，会经过一个代表花朵的星座，每个星座2～3天。

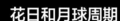 在北半球，当月球经过水瓶座和部分双子座时，为上升期。

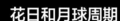 月球下降期从双子座开始，到它经过天秤座时结束。

# 花日
# 应该做什么

处于花日的花园最为生机勃勃，花卉植物的香气馥郁，闻香而来的昆虫格外活跃。这既是培育观赏花卉，也是培育可食用的开花植物的好时机。

· **在月球上升期**，地球呼出，植物上部的枝叶和花朵最富有生气，因而是采摘花朵、制作干花的最佳时机。

· **在月球下降期**，地球吸入，这是种植球茎植物，给植物分株准备再植的好时机。

· **月球和土星对立时**，是种植或移植多年生草本植物的最佳时机。此时硅酸钙可促进根系强大，增强植物的香气和口感。

· **满月之前的2~3天**，播撒一年生开花植物的种子，更容易发芽。满月时，也是采摘花朵、制作生物动力制剂的好时机。

· **月球处于近地点时**，会诱导植物向内收缩，应该摘去开败的花朵，因为它们的汁液会流回到地下。

· **月球处于远地点时**，在花盆中种植的艾菊等伴生的开花植物，香味达到极致，因而可以将它们移动到需要保护的植物附近。

西蓝花

旱金莲

于春分前后的花日在土壤中埋入牛角石英501。

采摘幼嫩的菜蓟，在橄榄油中储存。

剪下荨麻的叶和茎，制作浸泡液、液肥和堆肥制剂504。

种植吸引益虫的观赏花卉。

挖出，分株，再植，或者储藏大丽花等观赏性花卉的球茎和块茎。

收获冬季卷心菜和其他叶类植物，更易长久储存。

收集花朵，制作干花，使它们的形态和色泽可以保持更久。

在月球下降期，修剪玫瑰等植物的枝条。

在蒲公英的花朵完全开放之前，进行采摘，晒干后制作堆肥制剂506。

收获洋甘菊的花朵，制作浸泡液和堆肥制剂503。

采下缬草的花朵，制作堆肥制剂507，制剂要在当天使用。

# 花椰菜
## 花椰菜群

花椰菜又叫菜花，几乎一年到头都能采摘。花椰菜植株庞大，需要长期悉心照料，为它们提供适宜的土壤和生长所需的水分。对小型花园来说，春季播种夏末收获，是种植花椰菜最合理的安排。无须提供阳畦或移栽至温室过冬。

### 🔧 土壤条件

选择开阔、向阳、3年内没有种植过其他芸薹属植物，也不会被阳光过度暴晒的地方种植，否则花椰菜的茎杆会摇晃，根系难以支撑重量。土壤应为中性或者微酸性（pH值为6.8比较理想），埋入大量腐熟的生物动力堆肥，最好加入部分牛粪，在月球下降期，喷洒一两次牛角肥500液肥。

### 🌙 播种

冬季室内播种，夏末收获，或者春季室外播种，初秋收获。确保土壤疏松透气，达到播种条件。在月球下降期的花日播种，播种前平整土地。幼苗越冬后，可以移栽至室外，移栽前一天晚上浇水。在月球下降期，小苗长出第一片叶子之前，浇足水，有助于根系发育。

### 🔨 日常养护

花椰菜需要充足的水分和养分，以及坚实的土壤。在月球下降期，向土壤和植物喷洒荨麻504液肥以增加养分。在花日的清早，当种植的植物长出四五片叶子，移栽的植物长出五六片叶子时，喷洒牛角石英501液肥；当植物长到一定的高度，花序开始成形时，再次喷洒牛角石英501液肥；给植物喷洒西洋蓍草浸泡液，以对付不稳定的天气。

### ⭐⭐ 收获和储存

成熟的花椰菜应在秋季天气冷凉时采收。当花椰菜的花序长得足够大时，最好在月球上升期，花日的清晨，剪下花序。花椰菜紧致、密实，如果植株上的许多头状花序同时成熟，将整株剪下，悬挂在凉爽、干燥的地方保存2周。

### 🍃 常见问题

如果土壤条件恶劣，过干过酸，或者移栽不当，花椰菜就会问题不断。在附近伴生种植芹菜，可以抑制菜粉蝶的繁殖。

### 采种

· 花椰菜会在第二年的夏季开花结种子。有的植株在第一年就会抽薹结种子，这样的种子不可用。

· 至少保留20棵植株的种子，避免近亲杂交。在室内晾干花序，然后打下种子。

· 花椰菜会与其他的芸薹属植物杂交，因而应该避免它们在同一时期开花，或者用纸袋覆盖它们的花朵。

## 其他品种

传统的花椰菜长出的是茂密的白色花序，现在，有紫色的品种可以尝试。它们的生长环境相同，只是味道稍有差异。紫色品种的出现，为餐桌美食增添了一道色彩。

紫色的花椰菜富含抗氧化剂，味甜，有坚果的味道，没有普通花椰菜的苦涩。

## 遮光

白色花椰菜的花序应遮阳，以保持其颜色，防止灼伤。一旦花序成形，在干燥的天气，用叶子覆盖花序，打结。避免潮湿，否则花椰菜会腐烂。

大雨后，暂时解开叶子，让花序去湿、干燥。

| | 春季 | 夏季 | 秋季 | 冬季 |
|---|---|---|---|---|
| 播种 | | | | |
| 收获 | | | | |

生长期20～26周，播种覆土2厘米，株距至少24厘米，行距24厘米

轮种信息：轮种第二组，中肥

# 西蓝花（花茎甘蓝）
## 甘蓝群

西蓝花相当容易种植，它的主枝只有一个花序。入冬前采收花序，随之侧枝上也会连续长出幼嫩的侧花序。近似蓝色的西蓝花很像花椰菜，摸起来毛茸茸的，没有花椰菜那么坚实。有些品种的西蓝花是有毒的，比如罗马西蓝花，它的顶端开着尖尖的迷人小花，还伴有淡淡的黄绿色冰激凌的色彩。

### 土壤条件

西蓝花适宜生长在向阳避风的地块，喜欢富含腐殖质且排水良好的沃土。秋季播种前，在土壤中埋入大量生物动力堆肥。然后，在月球下降期，种植前数周喷洒牛角肥500。

### 播种

西蓝花移植后很难存活，通常使用种子播种，或在可降解的花盆中种植。早春于室外播种，需要覆盖物的保护。最好在月球下降期播种，播种可一直持续到仲夏。使用荨麻504液肥，浇灌种植穴，每个穴内撒下两三粒种子，长出幼苗后进行分株，淘汰羸弱的小苗。

### 日常养护

经常浇水，防止生长不平衡。锄掉杂草，在植株的底部周围垒一些土，但是要避免损伤根部。幼苗长出四五片叶时，对土壤、茎杆、叶片两面，喷洒紫草液肥；花序开始渐渐成形时，在清早喷洒牛角石英501液肥。用宽阔的叶子（卷心菜比较理想）覆盖西蓝花的花序，遮阳防晒；到了秋末，开花的枝芽需要用无纺布保护，防止霜冻。

### 收获和储存

春季播种，夏末收获；夏季播种，则仲秋收获。采收均应在月球上升期进行。在西蓝花的花序过大、花蕾盛开、味道变苦前，切下花序。侧枝会渐渐长出嫩芽，待成熟时采收。花序在冰箱里可保存数天，亦可冷冻。

### 常见问题

用丝网保护植株，免受小鸟的侵扰。喷洒橡树皮505液肥和新鲜的问荆508浸泡液、西洋蓍草502浸泡液，防止霉菌产生。

### 采种

· 西蓝花在生长的第二年开花。第一年抽薹结种子的植株，种子质量低劣，不可用。

· 至少保留20棵植株的种子，避免近交。在室内晾干花序，然后采收种子。

· 西蓝花会与其他的芸薹属植物杂交，因而应该避免让它们在同一时期开花，或者用纸袋覆盖它们的花朵。

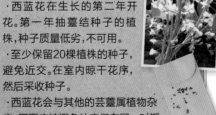

### 填闲植物

西蓝花的生长缓慢，而且占用很多空间。在它们慢慢生长的同时，可以利用它们周围的空隙，重复种植快速生长的作物，比如生菜和水萝卜。在西蓝花成熟之前，可以收获好多次！

### 垒土

西蓝花可以长得很高，如果受到强风侵袭，它的茎杆不断"摇晃"，根部会受到损害。因而随着西蓝花的生长，需要在它的根部垒土，加固茎杆。

在根部垒土，直到下端的叶子。

| | 春季 | 夏季 | 秋季 | 冬季 |
|---|---|---|---|---|
| 播种 | | | | |
| 收获 | | | | |

生长期12～16周，播种深2厘米，株距30厘米，行距30～45厘米

轮种信息：轮种第二组，中肥

# 嫩茎花椰菜
## 甘蓝群

嫩茎花椰菜也被称作"穷人的芦笋"，其绿色或紫色的花苞，就像芦笋一样鲜嫩可口。在菜园中，一年四季都可以看到嫩茎花椰菜；早播的品种可以在冬末收获，晚播品种将在第二年春季收获。

### 🍴 土壤条件

嫩茎花椰菜喜阳光充足的开阔地块，必要时遮阴。播种前，向土壤中埋入足够的堆肥，最好添加些牛粪。如果土壤过酸（pH 值低于6.8），尽可能地深挖土壤，添加石灰，然后再轻轻地踩踏平整。改良土壤，在种植的前几个月进行，选择天气干燥的时候。

### 🌙 播种

月球下降期的花日，早春进行室内播种，稀播，覆土2厘米；仲春与仲夏之间，室外播种。月球下降期的花日，移栽幼苗，埋深一些，为植株的生长打下坚实基础。

### 🔧 日常养护

幼苗成形期，浇水要规律；除草时，往幼苗根茎处垒土，防止强风吹断茎；春分前后，喷洒牛角肥500液肥；秋季，收拾凋零的黄叶；秋末月球下降期，喷洒 CPP 制剂，维持健康的土壤微生物区系。

### ⭐ 收获和储存

冬末至春末采收。开花的嫩芽让它继续生长，直至生成密实的花序。在月球下降期的花日，用锋利的小刀切下茎杆，从中间的主花序开始，留下较小的侧花序，等后期成熟后继续采收。采收都在清晨进行。新鲜花序放入包装袋，不封口，储存于冰箱中。也可清洗后冷藏。

### 🍃 常见问题

在早春，最好在月球下降期，喷洒橡树皮505制剂和新鲜的问荆508浸泡液，防止跳甲虫的侵扰。

### 采种

· 嫩茎花椰菜在生长的第二年开花。按照常规方式种植，让它的种子尽可能长时间地存活于植株上，防止花苞散落。在室内晾干花序，打下种子。

· 至少保留20棵植株，避免近亲杂交。第一年抽薹结出的种子质量低劣，不可用。

· 嫩茎花椰菜会与其他的芸薹属植物杂交，避免让它们在同一时期开花，或者用纸袋覆盖它们的花朵。

### 防范虫害

鲜嫩的幼苗容易受到鸽子的攻击，也容易受到白蝴蝶幼虫的伤害，用细网覆盖嫩茎花椰菜，以抵御虫害。也可以在附近种植旱金莲，驱除蚜虫。

确保丝网完全覆盖了植株，用石头或土块压实细网的边角，防止害虫从底部爬入。

在秋季，将植株轻轻地捆绑在牢牢插入土壤中的木桩或木棒上，获得支撑。

| | 春季 | 夏季 | 秋季 | 冬季 |
| --- | --- | --- | --- | --- |
| 播种 | | | | |
| 收获 | | | | |
| 生长期16~36周，株距60厘米，行距60厘米 | | | | |
| 轮种信息：轮种第二组，中肥 | | | | |

# 菜蓟

菜蓟属于蓟类家族，外形如同雕像一般优雅，这种低维护成本的多年生植物，在它的原产地意大利被视作美味佳肴。菜蓟可食用的部分，是皮革般坚韧的花瓣基部及包裹的内芯。

## 土壤条件
菜蓟原产于西西里岛，喜欢生长在阳光充足且必要时能遮阴的地方，任何微酸性的肥沃土壤都适宜它生长。

## 播种
播种可以在花日，最好在早春月球下降期时进行，3年后可采收。如果用分离的侧芽或侧枝栽培，仅需2年时间。在月球下降期，挖穴，深度与铲子齐平，植入侧芽或约10厘米高的幼苗，回填土壤与堆肥。

## 日常养护
植株在第一年现蕾开花时，立刻剪下主茎，等3~4年生长出更强壮的作物后，可再次进行分株。在月球下降期的早春时分，植株生长前，向苗床喷洒牛角肥500液肥，并将干草铺在堆肥上，对植株做护根覆盖。当银色的花茎从腋芽中探出时，选择在早晨喷洒牛角石英501液肥。

## 收获和储存
夏末到初秋，每个植株大约会生长出12个花蕾。月球上升期，在鳞片开放前采收，先摘顶部花苞，顺着植株，自上而下采摘紧密的花苞。放入沸水中煮熟，剥去苞片，香嫩的花托蘸黄油食用。最美味的部分是花芯，常在橄榄油中保存。

## 常见问题
刚种植的侧芽，回填土壤要充足，否则它们会死于缺水或者霜冻。

### 采种
· 菜蓟的种子易于收集。
· 用常规的方式进行种植，但是不同的是，不收集花苞，而是让花序在植株上自然成熟，结籽。
· 将种子成熟的朝菜剪下花头，在室内晒干。将花序放入口袋内，待种子完全脱落后，分离出来。

## 边界种植
这种大型的多年生植物很占空间，也需要很长的生长周期，但是它们那泛着银光的海绿色叶子，还有蓟般花冠，让人十分赏心悦目，因而常常种植在边界作观赏。

春末，在成熟的植株上切下分枝，进行分株繁殖。

为了促使其他的花苞更好地生长，先剪下主茎顶端的花蕾。

菜蓟花序的鳞片一旦完全打开，就不可食用。

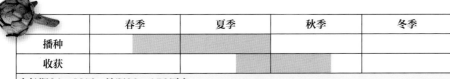

| | 春季 | 夏季 | 秋季 | 冬季 |
|---|---|---|---|---|
| 播种 | | | | |
| 收获 | | | | |

生长期64~68周，株距90~150厘米

轮种信息：无轮种，中肥

双鱼座

巨蟹座

天蝎座

# *Leaf days* 叶日

叶日指的是，月球经过双鱼座、巨蟹座和天蝎座的时期，这三个星座代表水元素。水对地球上的所有生命都至关重要，但是生物动力园艺认为，水对于叶类植物尤为重要，因为它们的主要成分是水，这其中包括菠菜、卷心菜和西芹等草本香料植物，以及乔木和灌木丛，甚至还有草坪中的草。叶类植物最好在月球下降期进行培育，但是有些植物生长的速度令你无法等到叶日再养护它们。务实一些，如果养护工作无法在叶日进行的话，固根期也是不错的选择。最好在月球上升期的花日或果日进行收获，因为这一时期，植株的上部集中了所有的能量，你会得到额外的收获。

## 叶日和月球周期

- 月球大概每隔9天会经过一个代表水元素的星座，在每个星座停留1.5~2.5天。
- 在北半球，当月球经过双鱼座时，是它的上升期。
- 月球经过巨蟹座和天蝎座时，是它的下降期。

# 叶日
# 应该做什么

　　与水的强烈联系，意味着这是照料叶类蔬菜和茎类植物的最佳日子，包括生菜、芦笋和大黄等。正是因为它们富含水分，才如此鲜嫩可口，在炎热的夏季制作成沙拉食用，是多么惬意。因此如何保持叶类作物的鲜嫩、如何储存它们及保持其最佳的口感是我们需要面对的园艺任务。

　　·**在满月之前的2～3天**，进行播种，促进种子强有力地萌发，适用于所有的叶类植物，包括芝麻菜。

　　·**叶日，月球与土星的对立期**，是移植叶类植物幼苗的最佳时机：月球对植物的影响，与土星和硅化物的影响，是相互平衡的。

　　·**月球处于上升期和渐盈期**，植株的上部最富有活力，适合喷洒提升口味的浸泡液。

　　·**月球处于下降期和渐亏期**，是给叶类植物周围的土壤喷洒液肥的最佳时机。

　　·**月球处于近地点时**，喷洒新鲜的问荆508浸泡液，以保护叶类植物免受害虫侵扰。问荆508浸泡液不仅让叶子变得坚挺，可以驱赶害虫，而且还能提升食物的口感。

芦笋

球茎甘蓝（大头菜）

在月球下降期，对土壤喷洒液肥，补充养分。

在月球上升期，修剪生长旺盛的树篱，减缓其过快的生长速度。

铺设草坪或播种新草坪的草籽，叶日修剪草坪，青草会长得更快。

在月球下降期，移植作物，比如唐莴苣。

小鸟喜欢啄食鲜嫩的幼苗，因此要用细网覆盖植物，进行保护。

在月球下降期，种植树篱和观叶灌木。

在满月之前，播种茴香和其他茎类植物，更容易发芽。

在月球下降期，喷洒大颗粒牛角肥500液肥，给土壤增加养分。

在月球上升期，给作物喷洒牛角石英501液肥，以添加硅质，增强鲜嫩清脆的口感。

在月球上升期，对菊苣等叶类植物进行疏苗。拔出的幼苗，可以直接拌入沙拉中享用。

177

# 卷心菜
## 甘蓝群

每个季节都有当季的卷心菜品种，春、夏、秋、冬四季供应不断。只要播种的季节合适，一年到头都可以采收到这些富含维生素的绿色蔬菜。尽管种类不同，但种植方式都同样简单。

### 土壤条件

卷心菜喜欢富含腐殖质的微碱性土壤。种植前3个月，向土壤中埋入牛粪堆肥，如果需要的话，可以撒入石灰。不要在3年之内种植过其他芸薹属植物的土壤中种植卷心菜，以防止根瘤病。在月球下降期，播种或移植之前，对土壤喷洒CPP制剂。

### 播种

在月球下降期，种子播入深2厘米、宽10厘米的条沟中，沟距15厘米，沟播同样适用于花盆。遵循同样的月球节律，小苗长至有六七片叶子时移栽。春夏型品种于秋季移植，秋冬型品种在仲夏移植。把根部放在牛角肥500与黏土的混合物中蘸一蘸，以促进植株生根，增强抗病性。长出第一片子叶时，移栽至最终的位置。

### 日常养护

经常除草，在根部垒土以支撑植株，同时确保根部的湿润。一旦植株长出新叶，就可以在日出的时候，对植株顶部喷洒牛角石英501液肥，前提条件是之前施用过牛角肥500液肥。在月球上升期的夜晚喷洒荨麻504液肥，刺激春、夏、秋三季卷心菜的生长。去除所有发黄的叶子。

### 收获和储存

尽可能在月球上升期采摘。在叶片卷曲成球之前，可采摘春季的嫩叶食用。一旦结球就应立即采摘，否则可能会裂开。秋冬季采摘的卷心菜放地窖储存，或制作成酸菜。在德国，制作酸菜是一种很传统的储存卷心菜的方式。

### 常见问题

遮盖无纺布可保护植株免受甘蓝根花蝇和菜粉蝶幼虫的侵扰。养小鸡来啄食害虫也是不错的选择。夏季可在空闲期种植生菜以抑制杂草生长，保持土壤湿润。如果卷心菜没能结球，说明植株之前缺乏养分和水分，或者移植时根部因挤压而受损了。

### 其他品种

卷心菜有圆形、尖形，叶球密实的、松散的，叶子光滑的，或者有皱褶的各种不同的品种。颜色上，它们可能是绿色、白色，甚至是红色、紫色。

叶子松散的卷心菜，不结球。可以从根部将整棵切下，或只摘取菜叶食用。

结球的卷心菜，叶子密实紧凑。夏季和冬季，都可以种植，因而一年四季都可以采收。

| 春季和夏季卷心菜 | 春季 | 夏季 | 秋季 | 冬季 |
|---|---|---|---|---|
| 播种 | | | | |
| 收获 | | | | |

| 秋季和冬季卷心菜 | 春季 | 夏季 | 秋季 | 冬季 |
|---|---|---|---|---|
| 播种 | | | | |
| 收获 | | | | |
| 生长期14～36周，株距30～50厘米（视品种而定） | | | | |
| 轮种信息：轮种第二组，中肥 | | | | |

### 采种

· 用常规的方式种植，收获后，留下20棵植株继续生长，留待开花结籽。

· 当花序开始枯黄，剪下花梗，放入室内，晾干，采收种子并储藏。

· 卷心菜和其他芸薹属植物会交叉传粉，所以应避免让它们同时开花。开花前，用纸袋覆盖植株。

# 抱子甘蓝

抱子甘蓝是一种典型的冬季蔬菜，不仅耐霜冻，营养也相当丰富，其维生素 C 含量极高，同时还含有抗癌物质。采摘抱子甘蓝时，宜在一年中最寒冷的时间进行，可以根据情况，分批采收。

### 土壤条件

抱子甘蓝偏爱肥沃的微酸性土壤，如果土壤过酸，可撒入石灰调节。在冬季或早春的月球下降期，深挖种植床，埋入足量的堆肥或者腐熟的肥料，最好是牛粪肥，再撒入切碎的紫草叶片，补充钾元素，让土壤沉降变得坚实。近3年内种植过芸薹属植物的土壤，不适合种植抱子甘蓝。种植过早季马铃薯和豆类植物的土壤，有利于抱子甘蓝的生长。

### 播种

在月球下降期，播撒抱子甘蓝种子，覆土2厘米。在室内或者覆盖物之下进行种植，整个冬天都可以收获。一旦幼苗长出7片叶子，在月球下降期的下午进行移植，覆土高度以达到叶子为准。交错排列种植，以减少大风造成的损失。在种植穴内喷洒牛角肥500液肥，稳固好植株，促进根系的壮大。

### 日常养护

保持规律的除草和浇水，直到植株成形并遮住地面。在夜晚，施用海藻、荨麻504和紫草液肥，抑制蚜虫。当炎热、多变的天气来临时，选择于早晨对叶面喷洒橡树皮505汤剂和洋甘菊503浸泡液以减轻植物的压力。用木棍捆绑越冬的高大植株，抵御冬季的寒风。

### 收获和储存

可以在夏末开始收获，但是经历过霜冻的抱子甘蓝，味道更佳。自底部开始，从每个植株上拧下或切下叶球。所有的叶球采摘后，切下顶端的叶子。甘蓝容易上冻，在严寒的天气，连根拔起整个植株，悬挂在凉爽、无霜冻的地方。

### 常见问题

遮盖无纺布以抵御根蝇和菜粉蝶幼虫的侵扰。在秋季打顶避免因缺钾而导致叶子软蔫。可在幼苗间作生菜和菠菜，以保持土壤的湿润，同时抑制杂草。

### 采种

· 抱子甘蓝在生长的第二年开花。常规种植，留下至少20棵健康的植株，让它们开花以收集优质种子。
· 嫩芽会生长并开花，当第一个花苞成熟后，剪下，带入室内晾干，储存种子。
· 抱子甘蓝会和其他芸薹属植物交叉授粉，所以应避免让它们同时开花，或在开花前用纸袋覆盖植物。

### 提供支撑

抱子甘蓝的生长缓慢而稳定，能够长到90厘米高，不适合种在风口的地方。种植时应加固土壤，经常垒土。

### 去除黄叶

随着抱子甘蓝渐渐长高，茎下部的叶子开始发黄，这并不意味着疾病，及时去除即可。确保植株之间的空气流通，预防疾病。

切掉或拔掉黄叶，添加到堆肥中。

|  | 春季 | 夏季 | 秋季 | 冬季 |
|---|---|---|---|---|
| 播种 | | | | |
| 收获 | | | | |
| 生长期20~25周，株距60厘米 | | | | |
| 轮种信息：轮种第二组，中肥 | | | | |

# 叶甜菜
## （唐莴苣和莙荙菜）

唐莴苣和莙荙菜，统称为"叶甜菜"，这类植物容易生长，不像菠菜那样容易抽薹，而且非常有营养，富含维生素 A、维生素 C、维生素 K，以及铁元素和钙元素。莙荙菜也被称作"永久的菠菜"，因为它可以越冬生存，直到来年春季仍然可以采摘。

### 🔧 土壤条件

叶甜菜喜欢通风的全日照环境，也喜欢斑驳的树荫，偏爱湿润、肥沃的壤土。在播种前，施用腐熟良好的堆肥。在月球下降期，细耕土壤，均匀、全面地埋入堆肥。在播种前，或者播种当天的下午，向苗床中喷洒牛角肥500液肥。

### 🌙 播种

无论是早春时节进行室内播种，还是仲春到初夏在室外播种，都记得要在月球下降期进行。仲夏或夏末播种的莙荙菜能够室外越冬。播种前，在CPP制剂中浸泡种子一个晚上，或者将种子撒在一块干净的布上，滴洒CPP制剂，直至完全浸透。在2.5厘米深的种植穴内播种，莙荙菜的株距以38厘米为宜，唐莴苣的株距以45厘米为宜。

莙荙菜的种子可以撒播得密实一些，幼苗可用来制作沙拉。播种后，将搅拌好的堆肥和土壤轻轻地撒在种子上作为覆盖，稍稍压平。幼苗长大后，即可移栽到室外。

### 🔨 日常养护

定期浇水，必要时进行覆盖，以防止土壤变干。移栽后的3周里或苗床上种植的幼苗成形后，于清晨对植株顶端以细雾形式喷洒牛角石英501液肥。

### ✨ 收获和储存

用小刀切下叶片，而不是把它们揪下来，避免伤及根部。也不要切得太低，以免伤到菜心。重剪会阻碍新叶的生长。

### 🍃 常见问题

如果叶片变得粗糙和坚韧，味道苦涩且伴有土腥味，多半是因为使用了没有完全腐熟的堆肥，或者使用了太多的液肥。对于唐莴苣和莙荙菜来说，生菜（详见第191页）和菠菜（详见第186页）是很好的伴生植物，因为它们对土壤条件和水分的需求类似。

### 采种

· 用常规方式进行种植，留下20棵植株越冬。唐莴苣在冬季需要覆盖保护，来年春季会恢复生长。

· 当花序开始枯黄，剪下花梗，放入室内，晾干，采收种子，进行储存。

· 唐莴苣和莙荙菜会和其他芸薹属的植物交叉传粉，所以应避免让它们同时开花。可在开花前用纸袋覆盖植物。

## 丰富多彩的甜菜

唐莴苣（瑞士甜菜），也被称为"海甘蓝甜菜"，是一种色彩丰富的蔬菜。和莙荙菜相比，它的叶子更宽阔，也更卷曲、有光泽，颜色也更为丰富。

唐莴苣的叶梗颜色鲜艳，即使经过烹调，仍然保留生动的色彩，可为餐桌增添色彩。

宽阔的叶梗颜色丰富，有白色、黄色、粉色和红色等，可以像芦笋那样进行烹调。

冬季的严寒，让唐莴苣的颜色变得异常鲜亮。

| | 春季 | 夏季 | 秋季 | 冬季 |
|---|---|---|---|---|
| 播种 | | | | |
| 收获 | | | | |

生长期8~52周，株距视品种而定

轮种信息：轮种第二组，中肥

# 大白菜

大白菜耐寒性强且富含维生素，味道甜，口感脆嫩，可以制作沙拉，也可以烹炒，故而很受欢迎。从外形上分，大白菜可分为3种：桶形包心白菜、圆柱形白菜和散叶大白菜。

### 土壤条件

大白菜需要富含腐殖质、湿润且排水良好的土壤。种植过四季豆的土壤，富含氮元素，很适合大白菜的生长。播种之前，在月球下降期向土壤中埋入生物动力堆肥，最好掺有牛粪肥。或者，在播种之前，对苗床喷洒 CPP 制剂。

### 播种

大白菜在叶片成形期，需适温偏低的温度，否则容易抽薹。在满月之前播种，可降低抽薹的风险。最后一次霜冻结束后，在早春播种，覆盖4 ~ 6周，仲夏就可以收获，否则炎热的天气会导致抽薹结籽。如果仲夏播种的话，秋季可以收获，且随着天气变凉，大白菜不再容易抽薹。播种时覆土1.5厘米，株距10厘米。

### 日常养护

保持均匀浇水。春季播种的幼苗，长出 4 ~ 6 片叶子后，可于下午对苗床连续几日喷洒牛角肥 500 液肥，以预防抽薹；第二天，对植株顶端喷洒牛角石英 501 液肥，以提升口感。同样，夏季播种的植株，在收获前的一个月，选择在月球下降期的下午喷洒牛角肥 500 液肥，然后在月球上升期，施用牛角石英 501 液肥。随着大白菜渐渐成熟，用堆肥覆盖苗床，保持土壤的湿润和温度稳定。在过于炎热的天气里，需要给植株遮阴，另外于早晨或傍晚，喷洒洋甘菊 503、蒲公英 506 和荨麻 504 浸泡液，以减轻炎热带给植物的压力，增强作物风味。

### 收获和储存

收割叶片或成熟的结球，要在几天内吃掉。用厨房保鲜膜包裹包心大白菜，将其头朝上竖放在地上，可以储存较长时间。

### 常见问题

易抽薹，可在室内用可降解的花盆培育的幼苗。

### 采种

· 大白菜在第二年的初夏开花。有些植株第一年就会抽薹，这种种子质量较差，不可用。

· 至少留下20棵植株在土壤中越冬，一旦花朵开始枯萎，摘下，在室内晾干后收籽。

· 大白菜会和其他芸薹属植物交叉授粉，应避免让它们同时开花，或在开花前用纸袋覆盖花苞。

## 再生

大白菜的生长期为8 ~ 10周，但是你可以随时剪掉外层的叶片和开花的嫩枝。如果你切下大白菜的"底座"，重新种植，它会接着发芽生长，如此生生不息。

从土表以上5厘米处切下大白菜，剩下的白菜"底座"会接着发芽，生长。

第一次切下后，仅过了几周，新的散叶白菜就又成熟了，可以准备好收获。

| | 春季 | 夏季 | 秋季 | 冬季 |
|---|---|---|---|---|
| 播种 | | | | |
| 收获 | | | | |
| 生长期4~10周，株距30~45厘米（视品种而定） | | | | |
| 轮作信息：轮作第二组，中肥 | | | | |

# 小白菜

小白菜也被称作油菜，容易生长，也容易抽薹，它和大白菜是近亲，有着清爽的绿叶和多汁鲜嫩的白梗，但是不结球，可以凉拌、清炒或煮汤食用。

## 土壤条件

小白菜喜欢充足的阳光，施用过生物动力堆肥的黑色沃土比较理想。如果植株缺少养分或水分，就会很快抽薹，可用锄头轻轻地松动表土，撒些腐熟的堆肥，如果需要的话，可将堆肥直接撒入苗床。在月球下降期，喷洒牛角肥500液肥，保持土壤透气，促进排水良好。

## 播种

小白菜可以在仲春被覆盖的情况下进行直播，或者在室内育苗后移栽。夏季播种的品种比较容易抽薹，因而应该等到夏末再进行第二次播种。株距30厘米为宜，在霜冻之前，它们有足够的空间可以自由地生长。最好在月球处于远地点和近地点的中间时，或者月球和土星对立时播种，可促进植物的平衡生长。在秋末播种的耐寒品种，需要无纺布或者玻璃罩的覆盖保护。温室种养是不错的选择。

## 日常养护

小白菜的根系浅，因而浇水时需要用温和的水雾，而不是强力的水柱，否则会导致土壤中的腐殖质流失。小白菜的根对温度非常敏感，因而水温需要接近土壤的温度。其宽大但是单薄的叶子，特别害怕风力的拍打或外部挤压。春播的品种，可以在下午喷洒牛角石英501液肥，降低抽薹的可能性。在秋分前后的月球下降期，对夏末播种的小白菜，喷洒牛角石英501液肥，有助于增强风味。

## 收获和储存

仲春播种的小白菜，收割后，会重新长出来。6~8周后，小白菜会再次长出厚实的叶片，收割之后，又经历一拨儿生长。在月球上升期的叶日，进行收获。

## 常见问题

喷洒西洋蓍草502浸泡液，预防白粉病；蒲公英506浸泡液可以减轻多变气候和温度给植物带来的压力。

### 采种

·小白菜在栽种的当年就会开花。选择至少20棵植株不收割，让它们开花。当花朵开始枯萎后，切下来在室内晾干，以采收种子。

·为了避免小白菜与其他芸薹属植物交叉授粉，应避免让它们同时开花，或者用纸袋覆盖它们的花苞。

## 直播

选择3年之内没有种植过其他芸薹属植物的地块，在富含堆肥的沃土中，直接播撒种子。几周之后，就可以收获第一批新叶。

均匀地播撒种子，用麻绳标记垄沟。浇水以保持土壤湿润，预防抽薹。

园艺无纺布可以保护春播的幼苗免受跳蚤甲虫的侵扰，也可以保护冬播的幼苗，免遭霜冻袭击。

从底部切下植株，收获整棵小白菜。

| | 春季 | 夏季 | 秋季 | 冬季 |
|---|---|---|---|---|
| 播种 | ▮ | | | |
| 收获 | | ▮ | ▮ | |

生长期6~8周，种植覆土1.5厘米，株距20~30厘米，行距30~50厘米

轮种信息：轮种第二组，中肥

# 芥蓝

芥蓝原产于东方，是芸薹属家族成员，特别容易种植，春季在花盆内播种，秋季就可以收获；继续播种，越冬生长，来年春季又可采收。芥蓝的叶梗鲜脆，叶片褶缩，色暗，看起来有些像甘蓝（芥蓝也被称作"中国甘蓝"）。它有着芥末的辛辣，可以用作沙拉凉拌，但清炒味道最佳。

### 土壤条件

一小片向阳或部分遮阴的地块，就可以种植芥蓝这种生长密实的作物，当然要确保3年内没有种过其他芸薹属植物。芥蓝在排水良好的沃土中会茁壮成长，如果添加少量的生物动力堆肥更好。在播种前，最好在月球下降期的叶日耙土细耕并喷洒牛角肥500液肥，防止腐殖质流失，促进植物根部的生长。

### 播种

如果想在初夏采收芥蓝的话，可以从初春开始播种，覆盖后的土壤要足够温暖，如果太冷，幼苗容易抽薹。对于大多数芥蓝品种来说，最好在最后一次霜冻之后，春末到夏末进行播种，初秋到秋末进行采收。初秋播种的芥蓝需要保护措施才可抵御严寒，越冬后，在春天采收。芥蓝的根系浅，因而播种覆土只需0.5厘米厚，株距2.5～5厘米，在月球下降期的叶日，进行撒播。间苗后，以株距15～25厘米，行距35～50厘米为宜。

### 日常养护

在芥蓝的整个生长期，最重要的任务是保证浇水充足，预防抽薹结籽。春季播种的幼苗，可以喷洒牛角石英501液肥以预防抽薹。如果植株出现了花苞，应该用洋甘菊503浸泡液代替牛角石英501液肥进行喷洒。夏末播种的品种，无论它们在秋分前后处于什么生长阶段，都要喷洒牛角石英501液肥。紫草液肥可为绿叶植物提供充足的钾元素。这些生物动力制剂，都应该在月球下降期的叶日施用。

### 收获和储存

芥蓝的生长期为6～10周。在月球上升期，可以连续进行采收，剪下开了两三朵小花（芥蓝的小花是美味佳肴）的主梗，或者打顶，以促进侧枝的发展，增加产量。

### 常见问题

只要去除杂草，芥蓝的苗床通常不会出现什么问题。芥蓝可以和其他植物间作，如罗勒、大蒜和豆类植物。

## 伴生种植

芥蓝和大蒜可以在秋天伴生种植，大蒜可以保护芥蓝免受蚜虫吸食芥蓝的汁液，影响生长。成熟、健康的芥蓝，不容易受到侵扰，因为蚜虫被大蒜的味道驱赶，不敢靠近。

## 采种

· 芥蓝在生长的第二年开花。用常规方式进行种植，但是留下至少20棵植株在土壤中越冬，以待次年开花。当花朵开始枯萎，采下，在室内晾干，打下种子。

· 有些芥蓝在当年开花，它们的种子质量差，不可用。

· 芥蓝属于芸薹属植物，它会和附近的其他芸薹属植物交叉传粉，应避免让它们同时开花，或在它们开花之前，用纸袋覆盖花朵。

| | 春季 | 夏季 | 秋季 | 冬季 |
|---|---|---|---|---|
| 播种 | | | | |
| 收获 | | | | |

生长期6～10周，株距15～25厘米，行距35～50厘米

轮种信息：轮种第二组，中肥

# 苤蓝（大头菜）

苤蓝原产于北欧，属于芸薹属家族，味道甜美，爽口脆嫩，深受人们喜爱。生长在地面上的淡绿色、白色或紫色球茎，其实并不是根，而是球茎。紫色苤蓝最耐寒，秋季采收时格外耀眼。

### 土壤条件

种植前，在秋季改良土壤，添加的堆肥至少应该含有部分腐熟的动物粪肥。苤蓝不喜欢酸性的土壤，因为容易诱发根瘤病。在月球下降期的叶日或根日埋入堆肥。

### 播种

在月球下降期进行播种，早熟的苤蓝可以冬末在室内育苗，条件成熟后，在月球下降期移栽到室外。或者，当土壤的温度达到10℃以上时，在室外进行直播，如果需要的话，用玻璃罩覆盖。紫色的品种比较适合晚播，在秋季采收。苤蓝需要经常浇水，在播种或移栽时，喷洒牛角肥500液肥，再用玻璃罩进行覆盖，如果是沙质的轻型壤土，则更加需要覆盖。

### 日常养护

当植株的球茎开始成形，在月球下降期的早晨，喷洒牛角石英501液肥，以增强苤蓝的风味。夏季潮湿的天气，喷洒问荆508液肥；在炎热的天气，喷洒荨麻504液肥；夏季寻常的日子，喷洒紫草浸泡液。在月球下降期的叶日进行喷洒，比较理想。

### 收获和储存

当苤蓝长到大小介于高尔夫球和网球之间时，就可以采收了，在月球上升期进行。夏季和秋季采收的苤蓝，味道最为鲜嫩，秋季采收的苤蓝可以在沙箱内储存。

### 常见问题

晚熟的苤蓝品种可以和生菜进行间作，生菜的叶子是天然的遮阴伞，在夏季会遮盖住苤蓝周边的土壤，使其保持凉爽。

### 采种

·以常规方式种植，避免当年开花，留下20棵植株在地里越冬，若有必要的话进行覆盖。特别寒冷的地区，于秋季连根挖出，在室内覆盖储存，来年春季再移栽到室外。

·当花序成熟后，先采集主枝的花苞，再采集侧枝的，而后挑选出最优质的保存。

### 覆盖种植

在气候比较温和的地区，冬末用小盆育苗，冬季覆盖，帮助幼苗抵抗霜冻的侵扰，扛过严冬的考验。每2周播种一次，可以保证持续的供应。

在每个装满堆肥土的小盆中，撒入三四颗种子。浇水覆膜，1～2周后种子会发芽。

间苗，避免幼苗过度拥挤。当幼苗长出三四片叶子，可以选择长势强健的先移栽到室外。

采收时，连根拔起整个植株或者切下球茎。

| | 春季 | 夏季 | 秋季 | 冬季 |
|---|---|---|---|---|
| 播种 | | | | |
| 采收 | | | | |
| 生长期20～24周，株距20～30厘米，行距30～38厘米 | | | | |
| 轮种信息：轮种第二组，中肥 | | | | |

# 芥菜

芥菜富含维生素，外形酷似散叶白菜，味道兼有芥末的辛和辣椒的辣。凉拌生食味道辛辣，煮熟后口感较为柔和。芥菜十分耐寒，夏季采收，秋季就要开始种植。

## 土壤条件

芥菜喜欢肥沃深厚的土壤，上一季施用过生物动力堆肥的土壤最为理想。选择阴凉但光线充足的地方种植，可降低抽薹的风险。在月球下降期，播种之前，喷洒牛角肥500液肥。

## 播种

用玻璃钟罩覆盖给土壤保温。在月球下降期，最后一次霜冻之后，进行播种；仲夏到初秋之间，可播种越冬的品种。

## 日常养护

夏季经常浇水。春播的植株长出几片叶子后，在下午喷洒牛角石英501液肥，可增强芥菜的风味。仲夏之后播种的植株，抽薹的风险很小，可以在月球下降期的早上喷洒牛角石英501液肥。

## 收获和储存

芥菜的嫩叶和开花的侧枝，掐掉后都可以重新长出来，但是准备在土壤中越冬的品种，要防止过度采摘。

## 常见问题

在月球下降期，对春播的芥菜喷洒西洋蓍草502、洋甘菊503和荨麻504浸泡液，以促进种子的健康萌发。在恶劣多变的天气下，还可减轻植物承受的压力。橡树皮505汤剂可为那些准备在土壤中越冬的芥菜提供额外的保护，特别是那些准备留种的植株。芥菜属于芸薹属，需要进行轮种。喷洒西洋蓍草502浸泡液，预防白粉病。喷洒洋甘菊503浸泡液，减轻植物的压力，应对天气和温度的变化。

### 采种

· 在春末播种准备留种的芥菜，让它们在土壤中存活一年以上。保持土壤的湿润，预防抽薹。

· 让它们在地里越冬，第二年春季开花结籽。

· 剪下整个植株，用纸袋覆盖花序，在室内悬挂，晾干。

· 避免交叉传粉，避免让附近的其他芸薹属植物在同一时期开花。

## 保护芥菜的橡树皮505汤剂

橡树皮505是一种简单的汤剂，由碎成细屑的橡树皮制成（详见第30页），可以保护芥菜免受灰霉病、白粉病和虫害的侵扰。

将从树上刮下的橡树皮碾碎，加水煮沸后用小火煮20分钟。

## 多姿多彩的芥菜家族

芥菜的品种很多，它们的叶子纹理、颜色不同，但是都有着芥菜典型的辛辣味道。有些品种的叶子非常诱人，叶脉呈红色或紫色。

| | 春季 | 夏季 | 秋季 | 冬季 |
|---|---|---|---|---|
| 播种 | | | | |
| 采收 | | | | |

生长期20～36周，株距10～15厘米，行距60～75厘米

轮种信息：轮种第二组，中肥

# 菠菜

菠菜号称"超级食物"，富含维生素、纤维和各种营养元素，生食营养更佳。菠菜在烹调时会因过热而变得无味。在田间，夏季若高温炎热或严重缺水，都会导致菠菜抽薹。因而在夏天可以尝试菠菜的替代品——番杏（又名"新西兰菠菜""夏菠菜"），它能耐高温炎热，不易抽薹。

## 土壤条件

菠菜喜欢排水良好，同时保水性也比较好的肥沃土壤。播种前，在月球下降期撒入腐熟的动物粪肥或者生物动力堆肥。播种前后，喷洒牛角肥500液肥，保持土壤疏松透气。

## 播种

仲春，在月球下降期的叶日进行播种。炼苗后，在月球下降期，在室外定植幼苗。定植之前，在育苗穴内洒入未经稀释的CPP制剂。菠菜也可以在早春进行直播，在气温过高之前及时采收。大叶的耐寒品种在夏末播种，可越冬生长。番杏的种植面积须翻倍，播种前，将种子浸入CPP制剂中，隔夜软化。

## 日常养护

一旦菠菜的叶片展开，就应进行间苗。间苗之前，选择叶日的清晨，喷洒牛角石英501液肥。在幼苗苗床上轻轻地覆盖一层腐熟的堆肥，用干草覆盖，遮挡炎热，保持土壤的水分。当天晚上，对苗床喷洒洋甘菊503浸泡液，第二天，施用海藻或荨麻504液肥。

## 收获和储存

菠菜和白菜一样，可以随吃随摘，掐下成熟的叶子，一段时间后会长出新的叶子。但是在夏季的高温来临之前，要剪下整个植株，避免早熟抽薹。掐掉菠菜叶子，而不是拔出，以免伤及敏感的根部。

## 常见问题

经常除草，预防灰霉病。及时采收成熟的大片叶子，促进空气流通。

### 采种

· 菠菜的植株分雌雄两种，因而要多留一些植株，以开花情况确定留有足够的雌株。

· 当花朵枯萎，连根拔起整个植株。在室内悬挂，几周后，种子开始变成棕色。

· 从种荚内剥出变色的种子，储存在纸信封内。

· 为了确保种子的纯净，一次只采集同一品种的种子。

## 直播

移栽的菠菜容易早熟抽薹，因而最好进行直播。将种子撒入育苗穴内，覆土2.5厘米，行距20~30厘米。幼苗需要保持水分。

菠菜的幼苗容易吸引鸽子，它们会啄坏幼嫩的叶片。覆盖细网进行保护。

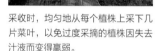

采收时，均匀地从每个植株上采下几片菜叶，以免过度采摘的植株因失去汁液而变得羸弱。

### 番杏

番杏耐热，在夏季高温的几周，可以作为普通菠菜的替代品。

| | 春季 | 夏季 | 秋季 | 冬季 |
|---|---|---|---|---|
| 播种 | | | | |
| 采收 | | | | |

生长期6~12周，株距7~15厘米

轮作信息：轮种第三组，中肥

# 羽衣甘蓝

羽衣甘蓝是最耐寒的芸薹属植物，可以耐受 -15℃的低温。它是卷心菜的变种，叶柄坚挺，不易弯折，不结球。羽衣甘蓝唯一可食用的部分是肥厚的叶片，叶片有光滑的，也有卷曲的，颜色有绿色、紫色，还有深绿色至黑色的品种，如黑甘蓝、托斯卡纳甘蓝。和卷心菜的烹调方式相似，但羽衣甘蓝的叶子更富有风味，富含钙质。经过霜冻后，口味更佳。

## 土壤条件

羽衣甘蓝喜欢精细耕种、排水良好的微酸性土壤。秋季，在播种前向土壤中撒入腐熟的动物粪肥更好。

## 播种

于月球下降期的春季，在地里直播，或者冬季在花盆中育苗。间苗后，在叶日的早晨喷洒牛角石英501液肥，至少喷洒1次，增强口感。夏初，在月球下降期，将幼苗移栽到室外，最好是上一轮种植过固氮的豆类植物或者早播过豌豆、土豆的地方。在播种前的叶日的下午，喷洒牛角肥500液肥。

## 日常养护

在夜间浇水，浇透，确保土壤不干燥，也不过于板结。气候干燥的年份，在夜间向整个苗床喷洒一次问荆508液肥，以刺激植株的生长。经常除草，及时去除枯黄的叶片。

## 收获和储存

一般来说，播种后 2 个月，就可以在月球上升期采摘羽衣甘蓝的嫩叶食用。从秋初到春季，都可以采摘成熟的羽衣甘蓝叶片。从植株的基部开始采摘，不要完全剥落。如果在初冬打顶的话，植株会形成侧枝。如果不采收，让植株继续在地里生长，羽衣甘蓝会在次年春天开花，花朵形似西蓝花的小花，可以食用。

## 常见问题

羽衣甘蓝对霜霉病具有良好的抗性，但在非常潮湿的环境下，需要通过喷洒新鲜的问荆508浸泡液来保持叶片的健康。初冬，在根部周围垒土（垒土的高度不高于最低的叶子），以保护植株免受霜冻和大风的侵扰。

### 采种

· 至少留20棵羽衣甘蓝用来采种，以保证种子的质量。

· 让留种的羽衣甘蓝在地里越冬，次年夏天会开花，再进行采种。羽衣甘蓝的植株很高，需要支撑物的保护。

· 羽衣甘蓝会与附近的苤蓝交叉传粉，要避免让它们在同一时期开花。

## 移栽

如果花园里没有足够的空间设置一块育苗床，可以用小盆培育幼苗。在仲春，每个花盆中播撒2颗种子，覆土1厘米。间苗，培植，然后移栽。

## 长期采收

羽衣甘蓝的叶子可以一片片摘下，从植株的外层开始采摘。播种后2个月的嫩叶即可食用，一直能采收到冬季。采收一批之后，植株需要生长一定的时间以重新长出叶子。

| | 春季 | 夏季 | 秋季 | 冬季 |
|---|---|---|---|---|
| 播种 | | | | |
| 采收 | | | | |
| 生长期24~28周，株距50厘米 | | | | |
| 轮种信息：轮种第二组，中肥 | | | | |

# 芹菜

芹菜的梗脆嫩，叶子味美，种子有股茴香的香味，无论做沙拉生吃、炒菜或炖汤，都很美味，若想食用到脆嫩可口的芹菜，有两种处理方式，一种是沟栽，往根部垒土，通过遮光使杆茎变白；另一种方式是种植叶柄为白色的品种——根芹，此品种会菜紧紧包裹成一块，互相遮阴，自成一群，茎杆因而变白。

## 土壤条件

芹菜需要施肥良好、土质疏松、保水却不积水的土壤。在向土壤中添加生物动力堆肥2周后，在月球下降期，喷洒牛角肥500液肥，保持空气流通。

## 播种

在月球下降期进行室内播种；同样在月球下降期，向植株和土壤喷洒洋甘菊503和荨麻504浸泡液。种植叶柄白色的品种，在月球下降期开始种植，植株之间可以相互遮阴；对于沟栽的芹菜来说，要在月球下降期挖沟，加入腐熟的堆肥，挖出土壤，筑沟槽，槽深30厘米。植入幼苗后浇水，并向植株和土壤喷洒牛角肥500液肥或CPP制剂（芹菜从播种到挖沟再到种植，都应在月球下降期进行）。

## 日常养护

用干草覆盖植株，保持土壤湿润。用含有紫草、荨麻和海藻混合液的水浇灌。为了使芹菜叶柄变白，往根部垒土以隔绝光线。块状密植的芹菜，将菜地最外一圈的芹菜围起来以遮光。定植2～3周后，喷洒牛角石英501液肥，使植株强健；在仲夏的早晨，第二次喷洒；秋分前后的下午，进行第三次喷洒。

## 收获和储存

采摘在月球上升期进行，这时的芹菜充满生命力。收获前正常浇水保湿，防止芹菜因缺水长丝。

## 常见问题

为防止抽薹，正常浇水，维持土壤的湿度，冬季用无纺布覆盖保温。芹菜适宜与卷心菜、花椰菜伴生种植，能够抵御菜粉蝶的侵扰。

## 采种

·保留12株同品种的芹菜，用常规方式种植，避免第一年开花。

·让留种植株室外越冬。在特别寒冷的地区，秋季时连根挖出，储放在室内，春季再植。

·留种植株会在次年夏季开花。芹菜会和附近的块根芹交叉传粉，避免它们同时开花。

## 室内播种

芹菜的生长周期较长，最好早春在室内播种育苗，最后一次霜冻后，移栽到室外种植床上。

使用育苗盘播种，小苗长大后移栽到更大的空间生长。

当霜冻结束后，将芹菜幼苗移栽到室外，株距20厘米。在植株的整个生长周期都保持土壤湿润。

成块种植叶柄白色的品种，它们之间可以互相遮挡光线。

| | 春季 | 夏季 | 秋季 | 冬季 |
|---|---|---|---|---|
| 播种 | | | | |
| 采收 | | | | |
| 生长期18周，株距20厘米 | | | | |
| 轮种信息：轮种第三组，中肥 | | | | |

# 球茎茴香

　　球茎茴香又称"佛罗伦萨茴香"，其可食用的叶鞘交错的部位被称为球茎，膨大的球茎高出地面隆起，从外形上看，和芹菜的茎几乎一样。在其原产地意大利，多生吃或者撒上盐，蘸橄榄油食用（即一种意大利美食Pinzimonio 的做法）。球茎茴香有别于园艺品种的茴香，是叶片翠绿、味道浓烈的草本植物，常用作鱼的调味品。

## 土壤条件

　　球茎茴香非常喜欢略有遮阴的全日照环境，适宜生长在肥沃、富含生物动力堆肥的沙质土壤中。在种过土豆或豌豆的土地施用生物动力堆肥，再种植茴香。如有必要，用土垒沟，帮助排水。适当添加腐殖质，协助茴香纤细的根固定在土壤里。播种前，在月球下降期喷洒牛角肥500液肥。

## 播种

　　气温在15℃以上时，于月球下降期在室内或种植床上播种。如果天气多变，种子发芽会变得不稳定，因此在叶日，进行连续性播种，每9天播种一批。

## 日常养护

　　经常锄草，保持土壤水分充足，防止抽薹。当球茎开始膨大时，向根部垒土，到叶鞘1/2处做遮光嫩化处理。也可以给球茎套上护套，但是这样操作并不太方便。一旦球茎过于饱满——用拇指与食指握不拢时，立即喷洒牛角石英501液肥，最好在天气晴朗的上午进行。

## 收获和储存

　　当茴香的球茎长到苹果大小时，在月球上升期进行采收，割下地上部分即可。不需要包装，茴香的球茎可直接放在冰箱里储存1周。

## 常见问题

　　当球茎变白时，极易招惹蛞蝓，需要注意防治。用无纺布覆盖以防霜冻，关注天气预报，霜冻来临前一天晚上，喷洒缬草507液肥。

### 采种

·球茎茴香的植株成熟后会形成球茎,在夏天会长出高高的花茎。

·开花之后，球茎茴香的茎会因为种子的重量而下垂，在种子掉落之前，切下花朵。

·在室内，晾干花朵，打下种子，装入纸袋内储存。

·茴香会与生长在附近的香菜、莳萝，以及任何的野生茴香，进行交叉传粉，避免它们同时开花。

## 早播

　　茴香可以在室内早播，以期早些采收。根部的不适、干燥的土壤，都会诱发茴香抽薹，可以通过以下几个简单的方法预防。

在可降解的育苗盘内育苗，可降低移栽对根部的影响。

夏季，用生物动力堆肥覆盖植株的根部，保持土壤的湿度。

如果没有采收干净，残余的球茎在湿润的土壤中，会重新发芽，生长。

|  | 春季 | 夏季 | 秋季 | 冬季 |
|---|---|---|---|---|
| 播种 |  |  |  |  |
| 采收 |  |  |  |  |

生长期12～22周，株距30厘米

轮种信息：轮种第三组，中肥

# 芝麻菜

芝麻菜叶片细长，味道辛辣，无论是开阔的花园，还是狭小的窗台都可以种植。种植过芝麻菜的人，即便是富有经验的园丁，也会惊讶于它的生长速度。只需适宜的光、热和水，芝麻菜就能生长，它是晚春至夏初时期，制作沙拉、汤品和三明治的最完美的配料。

## 土壤条件

芝麻菜和味道同样辛辣的萝卜一样，生长迅速。播种4周后，其鲜亮浅裂的绿色叶子就可以食用了。芝麻菜喜欢施肥良好、保水性好的土壤。如果日照强烈，土壤过于干燥，芝麻菜会抽薹，因而应该选择遮阴比较好的地块。

## 播种

播种前，浇灌土壤。用CPP制剂或牛角肥500液肥喷洒土壤、浸泡种子。在冬末的月球下降期进行室内播种，初春可以在室外播种。为防止抽薹，月球在远地点及仲夏时期避免播种。冬季品种可在夏末至初秋播种，霜冻前用无纺布或玻璃罩覆盖保温。以每10天一次的频率连续播种，即可不间断地持续收获。

## 日常养护

如果土壤凉爽且有泥土味，芝麻菜的叶子会非常鲜嫩可口。芝麻菜生长迅速，几乎每隔1周就可以采收，因此不需要特意喷洒牛角肥500液肥或牛角石英501液肥。在给花园其他植物施用这两种液肥时，可以顺便喷洒一些。

## 收获和储存

在月球上升期，当芝麻菜的叶片足够大时，就可以采摘，尽量从底部的叶片开始采收。采收嫩叶后，植株会继续长出新的嫩叶，可以预防抽薹。确保土壤湿润，干燥土壤会诱发抽薹。

## 常见问题

野生芝麻菜（*Eruca vesicaria*）和普通的芝麻菜相比，生长较为缓慢，不容易抽薹，也比较耐寒。它的锯齿叶味道浓烈，采收之后，可以保存更长的时间。

## 采种

·为了采集芝麻菜的种子，应该在春季尽早播种。正常浇水管理，使它尽可能晚地开花结籽。

·过早成熟或者抽薹的植株结出的种子质量差，不可留种。

·芝麻菜的叶子和花朵开始枯萎时，就可以采种了，在室内晾干花序，打下种子。

## 直播种子

早春，在室外直播芝麻菜种子，成行或者分块种植，种子覆土1厘米。因为芝麻菜生长迅速，适宜分块种植，每10天种植一批或一块，保证整个夏天连续的供应。确保土壤湿润。

幼苗长大后间苗，株距10厘米为宜。

## 预防抽薹

如果土壤过于温暖、干燥或者缺少养分，芝麻菜很容易抽薹。完全向阳的地方不宜种植芝麻菜，确保土壤的肥力、保持水分的充足可预防抽薹。

已经抽薹的植株，仍然可以采收，直到它们枯死。

| | 春季 | 夏季 | 秋季 | 冬季 |
|---|---|---|---|---|
| 播种 | | | | |
| 采收 | | | | |
| 生长期4～6周，株距10厘米 | | | | |
| 轮种信息：轮种第二组，中肥 | | | | |

# 生菜

生菜每天都会从几百千米之外，被运送到超市和市场，如果48小时内没有出售，就要被扔掉，因为它们难以保存。

生菜很容易生长，只须前期初始的种植和正常的浇水，就可很迅速地长成。你可以只采摘叶片，让植株一边采一边生长，也可以等到植株长大形成蓬松的结球后再一次性收割。

## 不同的品种

生菜主要分两种：结球生菜，采收时整颗切下；散叶生菜，可以一片一片地采摘。有的叶子光滑，有的有锯齿或深裂，但是它们生长习性都是一样的。

结球生菜采收时，一般从基部整颗切下，如果需要的话，也可以一片一片地采摘叶子。

## 🌱 土壤条件

生菜需要生长在向阳或半阴的地方，喜欢松散的土壤，最好前茬种植时施用过生物动力堆肥或者腐熟的动物粪肥。种植一轮后，需要3年以上的间隔，才能在同一地块重新种植。

## 🌙 播种

生长迅速的生菜口感最佳，缺少水分或养分会导致抽薹。最好在冬末到初秋之间的月球下降期播种，种子发芽的适宜温度为10~20℃。在室内或者室外有覆盖物保护的情况下，进行早播。播种前，对苗床喷洒牛角肥500液肥，每2~3周播种一批。月球处于远地点时，避免播种，否则会增加抽薹的风险。

## 🔧 日常养护

对发芽的幼苗喷洒牛角肥500液肥或者喷洒其他园艺任务富余的荨麻504、蒲公英506或者洋甘菊503浸泡液。及时间苗，间出的幼苗可以拌入沙拉中享用。当菜心已经开始形成后，可以喷洒牛角石英501液肥，避免抽薹的风险。保持苗床的湿润，注意结球生菜的顶部不要有积水，免受灰霉病和蛞蝓的侵扰。

## ⭐ 收获和储存

最好在月球上升期的早晨或夜间进行采收，否则生菜味道苦涩，容易枯萎。结球的生菜，应该切掉，而不是拔除，以免影响附近的植株。

## 🍃 常见问题

防范抑制蛞蝓、地老虎（切根虫）和霜霉病的侵扰，保持适当的株距，避免过于密集，避免过多的养分和水分，确保使用的生物动力堆肥完全发酵。

### 采种

·尽可能早地播种需要留种的植株，因为它们需要很长的时间生长、开花、结籽。
·用常规的方式进行种植，至少保留20棵优质的植株用来留种。
·花朵一旦开始变黄枯萎，在它们掉落之前剪下，在室内晾干，打下种子。
·将种子放入纸袋内，储存。

很多生菜的叶子纹理清晰，富有质感。上图中的生菜有着似橡树叶子般的韧感，拌入沙拉中，增添口感。

深颜色的生菜叶子，暴晒后会被灼伤，因而需要注意遮阴。

|  | 春季 | 夏季 | 秋季 | 冬季 |
|---|---|---|---|---|
| 播种 |  |  |  |  |
| 采收 |  |  |  |  |
| 生长期6~8周，株距15~35厘米 | | | | |
| 轮种信息：轮种第三组，中肥 | | | | |

# 莴苣缬草（羊莴苣）

莴苣缬草是一种易于种植的沙拉作物。它在北欧的草原上生长繁茂，在那里获得了亲切的昵称——羊莴苣。它的叶子圆润光滑，比人的手掌还要小，呈莲座状生长在地面。莴苣缬草无论夏季还是冬季，都可以用来制作沙拉，味道清爽，口感脆嫩。

## 去除杂草

莴苣缬草的叶片呈莲座状生长在地面，但是因为过于低矮，容易受到杂草的侵扰，因而需要经常除草。小心地浇水，否则四处飞溅的泥点，会弄脏叶片。

保留足够的植株间距和行距，以免生长过于拥挤。

## 土壤条件

莴苣缬草喜欢肥沃、施肥良好的土壤，向阳或者半阴环境都可以适应。在播种前，选择月球下降期全面除草，然后喷洒牛角肥500液肥或者CPP制剂。

## 播种

在月球下降期，从仲春到初秋，都可以进行直播。如果在仲夏之前播种，需要选择抗抽薹的品种。莴苣缬草发芽缓慢，需要1～2周的时间才会发芽，但是发芽后4～5周就可以成熟采收。初秋播种的莴苣缬草比仲夏前播种的莴苣缬草更为有用，因为它们不易抽薹，而且在夏季的沙拉作物供应不足的时候，可以满足供应。当然，如果加以覆盖（玻璃罩）保护的话，秋季播种的莴苣缬草也可以越冬，存活到次年春季。

## 日常养护

定期给苗床除草，尤其是早期，否则莴苣缬草底部的宽大叶子会变得拥挤不堪，影响生长。除草后的土壤比较松散，需要轻轻地拍打或用踏平整，防止土壤干旱。用喷壶缓慢浇水，既可以保持土壤的湿润，也可以避免叶子表面残留因为浇水而溅起的泥点。在月球下降期的下午，对幼苗喷洒荨麻504液肥，或者在浇的水中掺入液肥。翌日早晨，施用牛角石英501液肥。月球处于近地点和远地点之间时，随时可以喷洒牛角石英501液肥，这样可以增强风味，提高产量，同时维持植物的平衡生长。

## 收获和储存

在月球上升期，从春季到秋季，莴苣缬草都可以反复采收。首先采摘较大的叶片，留下较小的叶片继续生长。掐掉或切掉植株的主茎，刺激新的植株生长。有规律的采收可以保持植株的平衡生长，防止叶片变得过大而失去风味。

## 常见问题

在地面上越冬的莴苣缬草会在次年开花结籽，并且到处传播。因而，需要在它们开花之前，连根拔起，否则它会像杂草那样四处蔓延。

## 采种

· 留下一些秋季播种的植株，让它们在田间越冬。莴苣缬草非常耐寒，所以不需要覆盖保护。
· 越冬的植株会在次年春季开花。
· 在仲夏采种，储存。

|  | 春季 | 夏季 | 秋季 | 冬季 |
|---|---|---|---|---|
| 播种 |  |  |  |  |
| 采收 |  |  |  |  |
| 生长期4～8周，株距10厘米 |  |  |  |  |
| 轮种信息：轮种第三组，中肥 |  |  |  |  |

# 苦苣

苦苣口感柔嫩、微苦，是可口的沙拉菜。和菊苣是近亲，很容易混淆，在美国，苦苣也被叫作"菊苣"。苦苣耐寒，秋季到初冬都可以生长。苦苣主要有2种：卷叶苦苣的叶子纤细、散生，味较甜；阔叶苦苣也叫作"巴达维亚苦苣"，直立生长。

## 土壤条件

苦苣喜欢肥沃、疏松、排水良好的土壤。苦苣的前一茬植物，最好是种植前施肥良好的植物，比如早播的第一批或第二批土豆，或者固氮类植物，比如豌豆等豆类。

## 播种

在月球下降期，播种之前，向条播沟内加入生物动力堆肥。幼苗出土后，进行间苗，在月球下降期，对幼苗喷洒牛角肥500液肥。从春末到仲夏，分批播种卷叶苦苣，夏末到初秋，播种耐寒的阔叶苦苣。

## 日常养护

保持植株浇水良好，在间苗前的月球下降期施用蒲公英506浸泡液，间苗后施用西洋蓍草502浸泡液，以促进植株生长。经常除草。

## 收获和储存

在月球上升期进行采收，可采下整个植株，也可以直接采摘苦苣的嫩叶，嫩叶可以再生。阔叶苦苣可以耐受轻霜冻，但是需要覆盖物的保护，比如玻璃罩或者干草。严重的霜冻会冻死苦苣，因而需要将其移栽到室内，同时可以起到遮光软化的效果。

## 常见问题

苦苣的抗病能力很强，但是如果环境过于潮湿，为保护植株，在出苗期对苗床喷洒问荆508液肥，在成熟期施用问荆508浸泡液。用松针和少量的鼠尾草护根覆盖，喷洒苦艾和蕨类制剂，或者喷洒松针的浓缩物稀释液亦可，以抑制蛞蝓的侵扰。浇水时避免打湿植株，防止根蛆病。高温炎热会灼伤植株的顶部，在早晨，在植株的上方以细雾形式喷洒牛角石英501液肥。

## 采种

· 避免苦苣在生长的第一年抽薹，须留种的植株留在田间以越冬。

· 留种的植株会在次年开花结籽，开花后收集成熟的种子。

· 在室内，晾干花序，打下种子，储存。

· 为保证种子的纯净，只留种同一品种的苦苣。生长在附近的"近亲"容易和苦苣交叉传粉，避免它们同时开花，或者开花前进行隔离。

## 直播

苦苣最好直接在种植畦内播种，避免移栽，种植深度以10厘米为宜。春末到秋初都可以播种，视品种而定。保持苗床湿润。

播种前，在条播沟内浇水，促进种子的快速发芽。

随着幼苗生长，需要进行间苗，间苗后的株距以23～30厘米为宜。

## 遮光处理

苦苣因其口感微苦而独具风味，经过遮光处理的苦苣，味道会变甜。用托盘覆盖植株上部，或者用绳子捆扎膨大的植株，让其紧缩，避光，保持2～3周的时间。

遮光处理之后的苦苣叶子，呈淡淡的黄绿色。

| | 春季 | 夏季 | 秋季 | 冬季 |
|---|---|---|---|---|
| 播种 | | | | |
| 采收 | | | | |

生长期10～12周，株距23～30厘米

轮种信息：轮种第三组，中肥

# 菊苣

菊苣可以作为覆盖植物种植，因为它那深深的根系可以钻透密实的土壤。菊苣常因其叶片具有独特的苦味而受到欢迎，可以制作成沙拉或者烘焙后食用。比利时菊苣，在秋季种植时，经过人为遮光软化后，植株密实，呈现出白色，也被称为"芽苣"。它很容易和娃娃菜混淆，虽然也被称作"苦白菜"，但却是地地道道的菊科植物。

## 土壤条件

菊苣喜欢向阳或半阴环境，施肥良好的沃土适宜它的生长，在其中添加生物动力堆肥或者腐熟的粪肥更好。

## 播种

在播种的前几日，对苗床喷洒牛角肥500液肥，以促进根部的生长。在月球下降期，播种前，耙细土壤。仲春在室内育苗成功后，在月球下降期，将幼苗移栽到室外；或者春末在种植床直播。

## 日常养护

出苗早期，需要有规律地浇水，但要避免过度浇水。避免水和泥土溅到叶片上，否则会导致腐烂或者吸引蛞蝓。对植株周围的土壤，喷洒荨麻504液肥，保持土壤的松散。可以对幼苗以细雾形式喷洒蒲公英506浸泡液，促进它们的成形；间苗之前喷洒牛角石英501液肥，可促进植株坚挺，同时抑制蛞蝓。

## 收获和储存

早播的菊苣，夏季可以采收；晚播的则从秋末到冬末采收。健康的菊苣，叶片坚挺。在菊苣长得过于高大之前就要采摘，以免植株变得松散。散叶菊苣采摘后可以再生，也可以做软化处理——采收之前，用绳子捆扎植株顶部1周。

## 常见问题

喷洒新鲜的问荆508浸泡液或者艾菊制剂，以预防毛毛虫和切根虫的侵扰。

### 采种

· 避免菊苣在生长的第一年抽薹，留在地里越冬以采种。

· 留种的植株会在次年开花，收集成熟的花。

· 在室内，晾干花朵，打下种子，储存。

· 为保证种子的纯净，只留种同一品种的菊苣。生长在附近的近亲，比如野生的菊苣会交叉传粉，避免它们同时开花，或者进行隔离。

## 直播

春末最后一次霜冻过后，可以进行直播。在条播沟内，撒入种子，覆土深度1厘米，行距45厘米，保持幼苗的湿润。幼苗长到一定程度后，进行间苗，株距20～45厘米，视品种而定。间苗后的幼苗鲜嫩可口，可以拌入沙拉享用。

## 遮光处理

在秋季，连根拔起菊苣，修剪植株的下半部分，并且剪掉2.5厘米长的头部。将根系种入花盆中，用堆肥覆盖，用另一个装满土壤的花盆倒扣在植株芽端。3～4周后，气温在7～16℃的时候，可以采收变白后的菊苣。

在花盆中种植的菊苣，一旦长到15厘米长，就应该采收了。

|  | 春季 | 夏季 | 秋季 | 冬季 |
|---|---|---|---|---|
| 播种 | | | | |
| 采收 | | | | |

生长期14～16周，株距20～45厘米

轮种信息：轮种第三组，中肥

# 榆钱菠菜

榆钱菠菜是菠菜的变种，叶子较为宽大，色彩更加丰富，和菠菜一样富含蛋白质，且维生素 C 的含量更高。它的生长习性虽和菠菜相似，但植株却高达1.8米。和菠菜相比，它不易抽薹，可以生长在更加向阳的地方。榆钱菠菜的颜色丰富多彩，除了红色，还有黄色和绿色，叶子的质感或平滑，或轻微卷缩。

## 吸引盟友

榆钱菠菜的花朵容易吸引蜜蜂，因而可以和需要授粉的作物进行伴生种植，比如四季豆和红花菜豆。它的花朵也会吸引草蛉，草蛉喜食蚜虫，因而可以和芸薹属植物、蚕豆等容易受蚜虫侵扰的作物伴生种植。

## 土壤条件

榆钱菠菜喜欢保水性好的肥沃土壤。贫瘠、干燥的沙质土壤，需要在播种前或种植中，施加腐熟的堆肥。黑色的沃土只需要喷洒牛角肥500液肥或 CPP 制剂即可。在月球下降期施肥或追肥。

## 播种

将种子放入经过动态化处理的牛角肥500液肥或 CPP 制剂中，浸泡一晚，于次日下午，在喷洒过牛角肥500液肥或 CPP 制剂的土壤中播种。从早春开始，在月球下降期，每隔几周，在条播沟内直播一批种子，浇水以保持湿润。

## 日常养护

当幼苗长出2～4片真叶后，在清晨喷洒牛角石英501液肥，促进植株坚挺地向上生长。植株过于高大或者土壤过于干燥时，需要喷洒牛角石英501液肥以降低抽薹的风险。间苗后，保持植株浇水良好。口感甜美、叶片卷曲的品种，需要喷洒新鲜的问荆508浸泡液。不要将问荆805浸泡液作为液肥施用，否则植株活力过盛，会长得过高。

## 收获和储存

采摘大片的叶子，像菠菜那样进行烹调。也可以连同嫩叶，将花头一起摘下，轻微蒸熟后食用。

## 常见问题

避免植株因为过于密集而自己结种，采摘下鲜嫩的叶子，拌入沙拉享用，去除有抽薹风险的植株。

### 采种

·榆钱菠菜在生长的第一年开花结籽，如果种子掉落到地上，就会四处自播繁殖。
·用常规方式进行种植，让它们开花，用支撑物支撑过于高大的植株。
·当花序开始枯萎变黄时，切下并在室内晾干，打下种子，存入信封内。
·为了保证种子的纯净，只从单一品种的榆钱菠菜采种，避免让不同品种同时开花。

### 采收

榆钱菠菜有很多品种，颜色和质感都不相同。红色的叶子口感最为辛辣，绿色的叶子较为温和，黄色的叶子香甜。它们不仅可以为我们的餐桌增光添彩，同时还能满足味蕾的各种需求。

| | 春季 | 夏季 | 秋季 | 冬季 |
|---|---|---|---|---|
| 播种 | | | | |
| 采收 | | | | |
| 生长期6～12周，株距25～50厘米 | | | | |
| 轮种信息：轮种第三组，中肥 | | | | |

# 红菊苣

红菊苣的红色叶子和普通的菊苣一样脆嫩，但因其于天气凉爽的秋末成熟，味道少些苦涩。红菊苣可用于制作沙拉和各种意大利面，几滴橄榄油和一点点盐，就可以减轻它的苦味。和培根同食别有风味，也可以和帕尔玛干酪一起煎炒或者烘焙。

## 🔱 土壤条件

红菊苣喜欢排水良好、施肥良好的开阔地块。在凉爽的季节，可以耐受日照，但是在炎热的季节，下午需要遮阴。在月球下降期，播种前施用生物动力堆肥，或者移栽时，用生物动力堆肥回填。

## 🌙 播种

仲春，在室内播种育苗，或者春末开始在室外进行直播。晚播的红菊苣在覆盖之下播种，次年春季采收；在严重的霜冻发生之前，将它们移栽到室内。播种前，对苗床喷洒牛角肥500液肥，播种后一个月，喷洒 CPP 制剂，但要注意都要在月球下降期的下午进行喷洒。

## 🛠 日常养护

小心浇水，促进植株生长出美味、饱满的叶子。出苗的早期，在下午喷洒紫草液肥，促进叶片的生长发育。在秋分之前的早晨，对植株的顶部以细雾形式喷洒牛角石英501液肥，以促进叶片的成熟，减轻苦涩的口感。在霜冻来临之前，用干草覆盖植株，也可以用玻璃钟罩或无纺布覆盖。

## ⭐ 收获和储存

春季播种的红菊苣夏末就可以进行采收，它们的叶子开始变硬时应及时采收，叶子越老，味道越苦。从外层的叶子开始采收，也可以采下整棵植株，顶端的花冠也可以食用。在秋季，连根拔起植株，移栽到室内，进行遮光软化。将植株移栽到充满堆肥的花盆中，室温保持在 10 ~ 15℃，红菊苣会在黑暗中（或者用一个空盆倒扣在花盆上，阻挡光线）再生，长出新的白色的结球。将结球装入透气的塑料袋内，存入冰箱保存。如果解冻很慢的话，可以单独进行冷冻，慢慢地享用。

## 🍃 常见问题

红菊苣的抗病能力较强，很少发生问题。及时拔除杂草和枯黄的叶子。使用完全腐熟的堆肥，以降低被线虫、蛞蝓和蜗牛侵害的风险。

### 采种

· 红菊苣在生长的第二年开花。有些植株会在第一年抽薹结籽，它们的种子质量差，不可留用。在地里留种20棵优质的植株。

· 红菊苣会和其他的菊苣交叉传粉，避免让它们同时开花，如果需要的话，在它们开花之前用纸袋进行覆盖。

· 让留种的植株在夏季开花。当花开始枯黄，切下，在室内晒干，采收种子储藏。

## 种植

播种繁殖，或者移栽幼苗，行距30厘米。在种植穴内，撒入一些细碎的紫草叶子，给种子增加营养。

红菊苣能够耐受霜冻，但间苗或移栽后，如果土壤不够紧实，根系容易腐烂死亡，因此要压实土壤。

炎热干燥的天气，会导致红菊苣抽薹结籽，保持浇水良好，特别是在结球形成期。

从基部切下整个地上部分，它在次年会再生。

| | 春季 | 夏季 | 秋季 | 冬季 |
|---|---|---|---|---|
| 播种 | | | | |
| 采收 | | | | |

生长期14 ~ 16周，株距20 ~ 30厘米

轮种信息：轮种第三组，中肥

# 芦笋

在很多人的印象中，芦笋是一种很昂贵的蔬菜，然而，它的种植相对来说比较简单，只需一个苗床、一些种子或者根冠，就能连续20年收获营养丰富的白色、绿色或红色芦笋。芦笋是一种天然利尿剂，有助于清除体内多余的盐分。

## 土壤条件

芦笋喜欢排水良好的沙质壤土，它既需要阳光，也需要适度遮阴。黏质的土壤不适合种植芦笋，需要建造苗床，以便于日后的打理。月球下降期，在土壤中埋入大量的腐熟堆肥，最好是牛粪肥，添加富含养分的海藻或紫草。如果是酸性的土壤，最好撒入一些草木灰，进行中和。

## 播种

在早春，选择合适的苗床，进行浅播；间苗后，芦笋继续生长；次年的仲春，选择合适的种植床进行定植，浅播和定植都需要在月球下降期进行。生长了一年的芦笋根冠比那些生长了两三年的芦笋根冠更易于移栽，因为它们的根不易受到伤害。一个1.2米宽的种植床，以交错的方式在15厘米深的沟槽中种植两排芦笋。铺开它们的根，可以交错或重叠，轻轻地用土覆盖。当根冠开始成长时，逐渐往沟槽中填土，促进根系强健生长。

## 日常养护

芦笋非常耐寒，用新鲜的生物动力堆肥覆盖土壤，可以保护它们安全越冬。在月球上升期，春分前后，日出时分，对苗床以细雾形式喷洒牛角石英501液肥，有助于茎杆保持坚挺；在月球下降期，秋分前后的下午，对苗床喷洒牛角肥500液肥，有助于固根；在月球下降期，秋分之后的1个月，在夜间对苗床喷洒CPP制剂，抑制病虫害。

## 收获和储存

当芦笋的嫩枝长到20厘米时，就可以采收。可以生食、煎炒、煲汤或者炖煮。

## 常见问题

芦笋的抗病能力强，经常用优质的腐熟堆肥覆盖土壤，能有效地减少各类问题的发生。除草、覆膜或者追肥时，注意不要损伤芦笋的根部，否则它们会腐烂死亡。让小鸡进入种植床内觅食，可消灭芦笋甲虫的幼虫。

### 采种

· 芦笋雌雄异株，需要同时种植雌性植株和雄性植株。
· 让雌性的芦笋植株继续生长，开花，结出红色的浆果。
· 采收成熟的浆果，用漏勺滤出种子，用水冲掉残留的果肉。
· 将种子晾晒几小时后存放进玻璃罐内。

### 伴生植物

芦笋和番茄，可以在同一个地方，相互伴生很多年。番茄可以抑制芦笋蚜虫，而芦笋释放的一种化学物质则可促进番茄植株的生长。

### 采收嫩枝

芦笋生长的第一年，不可采收；第二年，每株可以采收一根嫩茎；第三年是收获年，从仲春到初夏，每株可以采收多根嫩茎。

用锋利的弯刀，沿地表切下芦笋的嫩枝。

|  | 春季 | 夏季 | 秋季 | 冬季 |
|---|---|---|---|---|
| 播种 |  |  |  |  |
| 采收 |  |  |  |  |
| 生长期3年，株距45厘米 |  |  |  |  |
| 轮种信息：无轮种，中肥 |  |  |  |  |

# 大黄

大黄常被忽视，但它可能是花园里最划算的植物，容易生长，几乎不需要照料。大黄是每年的第一种可以采收用以制作甜点的作物，可以连续采收3年，之后还可以进行分株再植。最重要的是，它的茎味道鲜美，不仅可以用来制作甜点，还可以用来酿造可口的葡萄酒。

## 土壤条件

大黄适生于向阳或半阴、排水良好的土壤中。大黄耐寒，但是在霜冻期需要加以保护。水涝不利于它的生长。在月球下降期，播种前，撒入大量堆肥。

## 播种

用根冠或块茎繁殖最容易，宜在月球下降期种植。挖45厘米深、稍宽的种植穴，移开表土，挖出基土，将碾碎的基土与腐熟的堆肥按1∶4的比例混合，回填后轻轻压实，再移回表土，等待幼苗破土而出。

## 日常养护

在春季的月球下降期，于夜晚向土壤喷洒CPP制剂，保持表土的健康。在春分之后的月球上升期，日出时分，对植株以细雾形式喷洒牛角石英501液肥，1个月之内喷洒2次，保证侧枝的口感脆嫩。夏季，对开花的茎秆施肥。秋季，用腐叶混合紫草碎叶覆盖土壤，但是不要覆盖花冠，否则它们会腐烂。在秋季月球下降期的下午，对苗床喷洒牛角肥500液肥，使养分流向地下。

## 收获和储存

至少生长2年的植株，才可以采收。叶子不可以食用，新鲜采摘的茎秆可以在冰箱中储存。

## 常见问题

对苗床和叶片的两面，喷洒紫草、海藻或荨麻504液肥，每个季节一两次，以增加养分。可以间种生菜和菠菜以抑制杂草，同时保持土壤的湿润。及时去除腐烂的根冠。

### 采种

· 大黄可以自体繁殖，它的植株结下的种子，第二年可能会长出新植株。让它们在夏季开花，形成纸质种穗，采收，晾干种子。

· 大黄的种子很难繁殖成功，这就是它一般采用子芽繁殖的原因。也可以尽可能多地播种，及时淘汰不合格的幼苗。

· 大黄开花，会削弱生命力，因而尽可能避免它开花。尽量从生长3年以上的大黄植株上采收。

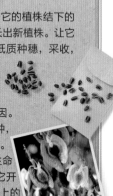

## 遮光处理

在隆冬到初春的最后一次霜冻之间长出的第一批大黄嫩枝，可以进行遮光处理。将花盆、桶或者陶罐扣在植株上，保持几周的时间。

采用人工方式使枝条变白。颜色变淡，味道变甜，更加鲜嫩。该法只对第一批嫩枝适用。

## 采收大黄

采收大黄时，拔出那些坚挺、脆嫩、多汁、叶片完全展开的叶柄。从基部直接拧下侧枝，不要用刀切，否则残留的基部容易腐烂。

在仲夏之前，每个植株采收1/3的茎叶，然后让它们慢慢生长恢复，重新长出新的嫩枝。

| | 春季 | | 夏季 | | 秋季 | | 冬季 | |
|---|---|---|---|---|---|---|---|---|
| 播种 | | | | | | | | |
| 采收 | | | | | | | | |
| 生长期16~25个月，株距90~120厘米 | | | | | | | | |
| 轮种信息：无轮种，轻肥 | | | | | | | | |

# 海甘蓝

海甘蓝原产于沿海地区，但它的适应性很强，在任何花园中都能生长良好。海甘蓝的种植方式和大黄一样，但它全株可食，包括它的花苞、叶片、嫩枝，甚至根，都可以食用。海甘蓝是海员的传统食物，富含维生素C，可以预防维生素C缺乏症。

## 土壤条件

海甘蓝生长在全日照或者半阴的环境，抗风能力强。喜欢肥沃、排水良好的沙质壤土，添加一些轻壤土和橡树皮碎屑，可以缓慢释放钙元素。

## 播种

利用根插或分株，繁殖海甘蓝非常容易。分株宜在休眠期进行。早春或早秋，将根段或带芽的分株苗浅埋至土壤中，轻撒泥土覆盖幼芽。海甘蓝亦可播种繁殖，最后一次霜冻后，可以在室外浅播。幼苗长出后，进行间苗，间距30～60厘米，在秋分前后，移栽定植。播种、种植、移栽，都尽可能在月球下降期进行。

## 日常养护

新栽种的植株需要多浇水，植株长大后对水的需求量会变小。春分前后，在月球下降期喷洒CPP制剂，维持土壤的养分平衡；夏至前后日落时，对植株顶部以细雾形式喷洒牛角石英501液肥，强化植物顶端的生命力（与叶片的质感和口感有关）。在秋分前后的下午，对苗床喷洒牛角肥500液肥，固根。秋末，当叶片枯黄掉落，可以用黄叶和落叶制作堆肥。在月球下降期，轻轻用叉子在土壤中

混入新鲜的生物动力堆肥、紫草碎叶和腐叶，或者用三者的混合物覆盖种植床。

## 收获和储存

成熟的叶子口感苦涩，故只采收那些经过遮光软化的嫩叶。只切下地面以上的嫩苗，因为植株需要一定的时间进行再生。海甘蓝生长的第二年，每个植株只采收一些嫩芽和叶子，之后的十年，可以一直持续采收再生的植株。

## 常见问题

如果给花园植物喷洒制剂时富余浸泡液或制剂，尤其是蒲公英506制剂、荨麻504浸泡液和橡树皮505制剂，可以拿来在夜间喷洒海甘蓝的叶片，可促进它们苗壮生长。

### 采种

· 海甘蓝的植株是自花授粉，在夏天开花，授粉。

· 授粉后的海甘蓝继续生长，在初秋，成熟的花苞开始枯萎时即可采收。

· 轻轻地撬开外层的壳，取出种子，晾干后，存入玻璃罐内，可以保存一年。

## 开花结果

海甘蓝的花可以食用，生食最佳，也可作为装饰拌入沙拉中增添色彩。留下一些花朵，成熟后会结出豌豆一样的果实，有着卷心菜的风味，也可以食用。

## 遮光处理

从海甘蓝生长的第二年隆冬开始，直到仲春，可以在花盆中进行遮光处理，就像大黄那样（详见第198页），变白后的海甘蓝叶子长至约25厘米时，可以采收。

移除遮光的花盆，让植物可以在夏季积累能量，为来年春季收获做准备。

| | 春季 | 夏季 | 秋季 | 冬季 |
|---|---|---|---|---|
| 播种 | | | | |
| 采收 | | | | |

生长期26～56周，株距60～90厘米

轮种信息：无轮种，轻肥

射手座

白羊座

狮子座

# Fruit days 果日

　　果日是月球经过射手座、白羊座和狮子座三个星座的时期。这三个星座都和火元素相关，无论是苹果、番茄、玉米还是豌豆，果实和种子的成熟都需要温暖的气候。遵循果日的节律，种植就会变得比较容易，比如多年生的梨和蓝莓——它们一旦存活下来，寿命通常会超过它们的主人！强壮的根系对植株的生长很重要，因而最好在月球下降期的下午，种植果树和浆果植物。这也是种植或移栽其他果类植物的最佳时机，一旦错过了，将会进入下一个周期——根日，根日是完美的补救期。在月球上升期的果日进行采收，此时的果实风味浓厚，口感极佳，而且，可最大化地延长储存时间。

## 果日和月球周期

- 月球每隔8~9天，会经过一个代表火元素的星座，每个星座停留2~2.5天。
- 在北半球，月球经过射手座时开始上升，经过白羊座时处于上升期。
- 月球经过狮子座时，开始下降，月球回到射手座时，依然在下降期。

# 果日
# 应该做什么

果日对应着火元素，为栽培一系列的果类植物提供了理想的条件，包括豌豆等豆类，以及黑莓和苹果等水果。它们的成熟需要光和热，它们的口感和储存力同样依赖于此——无论是新鲜采摘，制作果酱、酸辣酱、酱汁，还是用果实酿酒。

·**接近月球——土星对立期的果日**，是改良土壤、种植果树的最佳时机。

·**在满月前的2~3天内**，播种果实作物，有利于植物发芽，也适宜移栽大型植物。

·**月球处于上升期的果日**，修剪黑加仑等浆果植物，或者连根拔起草莓，准备次年移栽。月球的上升期，也是春季修剪果树的理想时期。

·**秋季，应该在月球下降期**修剪果树，此时植物体内的汁液有足够的时间流向根部。

·**潮湿的天气**，特别是**月球处于近地点**时，果实作物需要休养来抵御疾病的侵扰。

番茄

小胡瓜（西葫芦）

在月球下降期，播种果实植物，比如南瓜。

果日，采收豌豆等果实作物，此时的果实口感最佳，适宜储存。

辣椒等作物在摘取时应剪去连接的粗茎，这样可以避免摇晃和损坏根部。

每年在月球下降期的果日，移栽草莓。

果日，及时拔除有缠绕性的旋花类植物。

锄地，刺激杂草发芽，等到下一个根日，再去除杂草。

在春末的月球上升期修剪果树，植物的汁液自下而上流动，抵御疾病的侵扰。

在果日采摘红醋栗，果实最为甜美，口感最佳。

在月球下降期种植果树，根系更强壮，亦能延长植株的寿命。

给树干涂抹"树膏"——一种生物动力堆肥，有助于果树保持健康。

喷洒硅质丰富的问荆508浸泡液或者液肥，预防病虫害。

# 豌豆

刚刚采摘的豌豆鲜嫩多汁，营养丰富。豌豆的品种很多，有结荚豌豆、嫩豌豆、甜脆豌豆，有矮生品种，也有攀缘品种。只要悉心呵护，从仲春到秋末，你都可以一直享用甜嫩可口的豌豆。

## 土壤条件

豌豆喜欢向阳、肥沃、在春天能够很快回温的中性土壤。它们不喜欢黏质、沙质及酸性的土壤；如果需要的话，播种前向土壤中添加石灰以中和。在秋季播种前的月球下降期向土壤中埋入生物动力堆肥（不要同时加入石灰），或者在前一茬种植时施用过堆肥的地块，进行育苗。

## 播种

于冬末的月球下降期，在覆盖物保护下开始播种。一旦霜冻的危险解除，就进行直播；首先播种耐寒的圆粒种，初夏再开始播种皱粒种。播种前，浸泡种子，种植覆土4~8厘米厚。行间距应该和成熟植株的高度相当，嫩豌豆和甜豌豆会长到1.8米高。

## 日常养护

攀缘品种的豌豆，会长到很高，需要支撑物的支撑，最好用细网或者木棍（来自附近的灌木丛或者乔木）支撑。豌豆的生长缓慢，除草、覆盖，以促进它们的生长。为了增加产量，豌豆苗长到膝盖那么高的时候，向土壤和植株喷洒缬草507液肥，当豌豆开始开花，在月球上升期的日出时，对植株顶部喷洒牛角石英501液肥。最好在果日施用缬草507液肥和牛角石英501液肥，以期达到最佳效果。花日，需要规律浇水，确保植株的健康生长。一旦开始形成豆荚，掐掉豌豆尖，以促进结出更多豆荚。

## 收获和储存

豌豆成熟后，就可以每天采摘，尽可能地及时食用或者冷冻储藏，避免糖分转化成淀粉。嫩豌豆和甜豌豆的豆荚形成后，就可以采摘。

## 常见问题

夏季播种的豌豆，需要喷洒问荆508液肥以预防灰霉病；早晨对豌豆嫩芽喷洒新鲜的问荆508浸泡液；当豌豆长高些后，在下午晚些时候，向土壤喷洒问荆508液肥。豌豆不喜欢和洋葱类植物一起生长。喷洒松子制剂可抑制蛞蝓和蜗牛的侵扰。

## 采种

· 选择同个品种的豌豆进行采种，避免和其他品种同时开花。

· 当豌豆荚膨胀，即将裂开时，在天气干燥的日子，剪下整个植株地面以上的部分。

· 将豆荚放在室内桌子上（有桌布），或者装入麻袋内悬挂，晾干后，采收种子。

· 将种子分批存入大号的纸质信封内。

## 收获

鲜嫩的豌豆苗是不可多得的美味沙拉组成之一；它们的嫩叶和卷须的味道，像嫩豌豆一样。在叶日，当豌豆植株长到10~15厘米高的时候，采摘豌豆苗，味道最佳。间苗间出的幼苗和掐掉的豌豆尖，都可以拌入沙拉食用。

## 浸泡豌豆种子

豌豆种子的外壳很硬，在播种前，需要浸泡处理，确保种子充分吸水，促进发芽。洋甘菊503浸泡液也有助于促进种子发芽。

播种前，将种子放入洋甘菊503浸泡液中浸泡36小时。

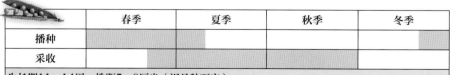

|  | 春季 | 夏季 | 秋季 | 冬季 |
|---|---|---|---|---|
| 播种 |  |  |  |  |
| 采收 |  |  |  |  |

生长期11~14周，株距5~8厘米（视品种而定）

轮种信息：轮种第一组，轻肥

# 红花菜豆

红花菜豆是菜园中最具观赏性的攀缘植物，其漂亮的小花，或洁白，或猩红，点缀了整个夏天。红花菜豆很容易成活，产量稳定且充沛，美味可口。

## 土壤条件

选择向阳但略有遮阴的种植环境。在秋季的月球下降期，播种前在土壤中埋入大量的堆肥，最好含有紫草碎叶和草木灰，以补充钾元素。如果土壤过酸则添加石灰中和。将堆肥撒入5厘米深、80厘米宽的种植穴内，或者8厘米高、15厘米宽的地畦，种植间距90～105厘米。

## 播种

种植前，用支架支撑豌豆植株。从春末到初夏，在月球下降期，可以连续直播。播种前，将种子在温暖的洋甘菊503或荨麻504浸泡液中浸泡数个小时，以促进种子发芽。播种覆土5厘米，每穴放2～3粒种子。如果意料不到的霜冻突然来临，在播种前的夜晚，向土壤喷洒缬草507液肥。必要时保护幼苗，免受小鸟和野兔的侵扰。

## 日常养护

抑制杂草的生长，在植株的根部垒土，促进其生长。用温和的水浇灌，冰凉的水会抑制植物的生长，同时导致植株容易受到蚜虫的侵扰。在炎热的天气里，用秸秆覆盖，保持根系湿润，防止土壤板结。一旦豌豆长到支撑物的顶端，掐掉豌豆尖。在月球上升期，植株开花之前，在清晨对植株顶端喷洒牛角石英501液肥，让花朵准备好接受蜜蜂传粉。

## 收获和储存

每周采收两三次，以免豆荚变硬变老。剪下成熟的豆荚，不要拔下，否则容易伤及支撑物和根系。

## 常见问题

带水的红花菜豆不宜采摘，否则容易导致疾病。如果在开花期间，空气非常干燥，对整个植株喷洒稀释的新鲜荨麻504、洋甘菊503或者紫草浸泡液，可以促进花朵开放。水萝卜是合适的伴生植物，但是苤蓝和甜菜不适合。

### 采种

· 为了保证种子的纯净，只采收同一红花菜豆品种的种子。避免让不同的品种同时开花。
· 植株上的豆荚会慢慢成熟，豆荚内的豆子会膨大，豆荚变干时，可以采收种子。
· 在干燥的天气切下豆荚，剥出种子。存入大号的信封或者纸袋内。

## 在花盆中播种

红花菜豆不耐霜冻，因而在初春，最好在花盆中开始播种，长出两三片真叶后，移栽到室外花园。霜冻期过后，再进行移栽。

每个花盆中播2粒种子，覆土5厘米，间苗，留下较为强壮的一株。

## 支架支撑幼苗

可以让红花菜豆的藤蔓在地上蜿蜒爬行，利用支架引导它们的生长方向，既可以节省空间，也便于采收，而且降低了病虫害的风险。将支架交叉排列，或者平行排列，有利于空气流通。

| | 春季 | 夏季 | 秋季 | 冬季 |
|---|---|---|---|---|
| 播种 | | | | |
| 采收 | | | | |

生长期8～12周，株距23厘米，行距80厘米

轮种信息：轮种第一组，轻肥

# 四季豆

四季豆有很多品种，或矮生或蔓生，它的豆荚或扁平或呈管状，颜色有红色、绿色、紫色、金黄色，以及彩色等颜色。可以食用四季豆的豆荚，也可以食用成熟豆荚的豆子（豆子被称为"白饭豆"），剥了壳的豆子可以储藏或者制作罐头，又被称作"扁豆"或者"菜豆"。

## 土壤条件

四季豆喜欢全日照、温暖、背风的环境，轻质、肥沃的土壤最适宜生长。前茬没有施用堆肥的地块，需要埋入含紫草叶的堆肥。在月球下降期，播种前2周，向苗床喷洒牛角肥500液肥。如有必要，覆盖保温，使土壤温度升至13℃。

## 播种

早春或仲春，在室内进行播种（最右侧三张图），春末在室外直播，行距45厘米。蔓生品种，每穴四五粒，绕着棚架交错播种，这样可以使植株接受均匀光照，空气也更加流通。

## 日常养护

蔓生四季豆，一旦长到支撑物的顶端，就掐掉豆尖，刺激更多豆荚生长。在整个花期，进行覆盖，保持稳定的浇水。当植株长出第一个花苞，在月球上升期的日出时，向植株的顶端喷洒牛角石英501液肥。

## 收获和储存

蔓生四季豆的生长期比矮生品种的长。定期采摘嫩豆荚，以延长植株的花期。采收扁豆留种。

## 常见问题

不规律的浇水，会导致豆荚一端饱满一端干瘪。移栽植株时，喷洒荨麻504液肥，以抑制蚜虫；用绳子捆绑以固定植株，喷洒新鲜的问荆508浸泡液，预防真菌疾病发生；当天空变得阴沉或环境变得很潮湿时，在清晨向叶片喷洒问荆508液肥，和橡树皮505制剂一起使用。

### 采种

· 四季豆非常容易采种。但是要选择那些品种纯净的植株——它们很容易和其他豆类交叉传粉。

· 尽早播种四季豆，如果需要的话，在室内育苗。采种的植株株距需要大于常规种植，以期改善开花、豆类的形成和成熟，减少疾病的风险。

· 当豆荚开始干枯时，沿着地面割下植株，在室内悬挂晾干。待豆荚完全变干后，打下种子存入纸袋内。

## 覆盖播种

四季豆不耐寒，在气候寒冷时，需要在室内用花盆或者托盘进行育苗，直到长出嫩芽。托盘需要足够深，这样可以使四季豆长长的根得到良好生长。可生物降解的纸筒填充堆肥后，也很适合育苗。

每个纸筒内放2粒种子，覆土5厘米，保持土壤湿润。间苗，只保留最强健的那株。

最后一次霜冻后，继续培育幼苗2周，夏初移栽到室外。

将整个纸筒都埋入土壤中，纸筒会很快腐烂降解。

|  | 春季 | 夏季 | 秋季 | 冬季 |
|---|---|---|---|---|
| 播种 | | | | |
| 采收 | | | | |

生长期8～12周，矮生四季豆株距10厘米，蔓生四季豆株距30厘米

轮种信息：轮种第一组，轻肥

# 蚕豆

蚕豆富含蛋白质，产量高，既耐寒也耐热，可以经年采收，是菜园里不可或缺的蔬菜品种。当蚕豆的豆子刚刚从豆荚中"露头"时味道最佳，整个豆荚都可以食用。如果蚕豆再长大些，它们的味道会变苦。

## 土壤条件

蚕豆的根系深，适合生长在向阳、无霜冻的地块，喜欢排水良好、肥沃的轻质沃土。在月球下降期，埋入大量的生物动力堆肥或者腐熟的粪肥，辅以富含钾元素的紫草碎叶或草木灰。在酸性土壤中可以撒石灰中和。

## 播种

蚕豆最好在秋末或者初春播种。种植前，将种子浸入CPP制剂中2小时。冬末在室内培育耐寒的蚕豆品种。蚕豆在花盆中生长迅速，当第二对真叶出现后，即可移栽到室外。

## 日常养护

如果天气突变，在浇水时施用小剂量的液肥（荨麻504、紫草或者海藻），以减轻植物遭受的压力。在月球上升期，花期快要结束时，于早晨对苗床喷洒牛角石英501液肥，保持叶片活力和豆荚坚挺。

## 收获和储存

秋季播种的蚕豆，7个月后成熟；春季播种的蚕豆，只需要3个月即可成熟。采收时剪下，而不是拔下豆荚。

## 常见问题

黑色的豆蚜虫会在春末出现在蚕豆植株的芽尖；对苗床和叶片的两面喷洒荨麻504或者海藻液肥；如果发现更多的蚜虫，再次进行喷洒。也可以在秋末间种羽扇豆，因为其可吸引以蚜虫为食的食蚜蝇。豆类如果缺钾，叶片会出现棕红斑或者巧克力斑，羽扇豆的根还可为土壤的基土中带来大量的钾元素。如果需要的话，在两行蚕豆中间间种羽扇豆，以期释放更多的钾元素。早播的土豆也是蚕豆良好的伴生植物。

### 采种

· 蚕豆的采种方式和四季豆相同。
· 和四季豆一样，蚕豆容易和其他豆类杂交，需要选择品种纯净的植株进行采种。
· 当豆荚开始变得枯黄，采下整个植株，在室内晾干。和四季豆一样，剥出种子保存。

## 直播种子

使用点播器播种，覆土深度5~8厘米，行距20厘米。每2行为一组，穴位交错排列，每2组之间间距至少75厘米。

## 丰收

蚕豆容易种植，但是想要丰收，需要有规律地浇水；没有规律地浇水，可能颗粒无收。

开花过后，豆荚开始形成时，掐掉每个植株的芽尖，以促进豆荚的生长膨大。

蚕豆的生长需要支架的支撑，比如木棒或者树枝，矮生的品种不需要支撑，它们在夏末成熟。

| | 春季 | | 夏季 | | 秋季 | | 冬季 | |
|---|---|---|---|---|---|---|---|---|
| 播种 | | | | | | | | |
| 采收 | | | | | | | | |

生长期12~28周，直播，或者室内育苗后移栽，株距15~20厘米

轮种信息：轮种第一组，轻肥

# 利马豆和大豆

利马豆的豆荚宽大，呈白色或绿色，也被称作"酱豆"。大豆可分为4类：黄大豆、青大豆、黑大豆、褐色大豆。利马豆和大豆都富含蛋白质，经过烹调后食用，或者采收晾干，留待日后食用。新鲜的大豆也叫作"毛豆"。

## 土壤条件

利马豆适合生长在向阳、有遮阴的地块，喜欢温暖、排水良好的沃土。在秋季，埋入大量的腐熟的生物动力堆肥，掺入富含钾元素的紫草碎叶。敲碎板结的土块，否则会限制根部形成，影响植物的生长。

## 播种

利马豆和大豆都有矮生品种，也有蔓生品种，需要支架的支撑。它们的生长期约为100天。在月球下降期，可以进行直播，土壤温度要求为18℃以上（可以利用覆盖物达到要求的温度）。在月球下降期，播种前，对苗床喷洒牛角肥500液肥，出苗后再喷洒1次。

## 日常养护

用无纺布保护植株，度过寒冷的夜晚。用支架支撑植株，防止植株被风吹倒。当蔓生的植株长到支架顶端时，掐掉芽尖。覆盖植株周围，从开花初期开始定期浇水，一直到花期结束。首次开花后，喷洒牛角石英501液肥。

## 收获和储存

在月球上升期进行采收，可以

和豌豆一样食用。冬季也可以让豆荚留在植株上变干。

## 常见问题

在温暖潮湿的天气，喷洒新鲜的问荆508浸泡液，以预防真菌疾病。避免直接触碰植株。

### 采种

· 豆类植物的采种都较简单，尽早选取留种的植株。

· 需要留种的植株需要更大的株距，这样可以有助于它们开花结籽，而且减少患病的风险。

· 选取品种纯正的植株留种，避免它们和附近的其他豆类植物杂交。

· 当豆荚开始变干变色，采下整个植株。

· 继续在室内晾干，剥壳后储存。

## 播种注意事项

在生长初期，利马豆和大豆都需要特别的照料，它们需要温暖的庇护。随着气候变暖，到夏季它们就不再那么娇气。

在播种前的数周，用覆盖物覆盖土壤，让土壤回温，达到种植条件。

幼苗长出，或者移栽到室外后，可以用大号的塑料瓶子覆盖植株，保护幼苗。

植株一旦开花结荚就要确保定期浇水。

|  | 春季 | 夏季 | 秋季 | 冬季 |
|---|---|---|---|---|
| 播种 |  |  |  |  |
| 采收 |  |  |  |  |

生长期14~16周，矮生品种株距8厘米，蔓生品种株距90厘米

轮种信息：轮种第一组，轻肥

# 小胡瓜和夏南瓜

小胡瓜和夏南瓜都很高产，只须栽培几棵植株，就可以在整个夏季不断采收。它们需要比较大的生长空间，因而不要种植过多的植株。小胡瓜应该趁鲜嫩的时候采摘，但是果实很容易隐藏在绿叶的海洋中，因而可以考虑种植黄皮品种。

### 土壤条件

小胡瓜和夏南瓜，都需要肥力丰厚的土壤。在播种或移栽前，深埋入足够多的堆肥，也可以直接种植在堆肥垛的一旁。它们娇嫩的叶子和茎杆，需要遮蔽保护。

### 播种

在月球下降期，对苗床喷洒牛角肥500液肥。最后一次霜冻前的2~3周，在室内播种；也可以在最后一次霜冻后，在预温后的土壤中直播。播种前，在CPP制剂中浸泡种子1小时左右。在月球下降期，将室内培育的幼苗移栽到室外。

### 日常养护

天气炎热时浇水要浇透，但是不需要每天都浇。不需要覆盖。空间小的地方，需要支架支撑，或者搭建棚架供藤蔓环绕，当藤蔓覆盖了棚架或者支架时，需要掐掉芽尖。当植株开始迅速生长的时候，在清晨施用牛角石英501液肥；当植株首次开花时，喷洒稀释的液肥，最好掺入海藻和紫草喷剂，以保证植物的健康生长；当果实开始形成时，喷洒牛角石英501液肥。

### 收获和储存

小胡瓜长到手掌那么长的时候，就可以采收，在月球上升期进行采收为宜。可以每天采摘，用刀子切下瓜果，而不是直接用手拧下。

### 常见问题

用松针覆盖植株四周，抑制蛞蝓和蜗牛的侵扰。对幼苗喷洒西洋蓍草502浸泡液，植株开花时再次喷洒，预防霜霉病。

### 采种

· 小胡瓜和夏南瓜可能会进行交叉传粉，所以要避免它们同时开花。
· 雌花即将开放的头一晚，用纸袋覆盖花序。
· 第二天早晨，采摘雄花，摘掉花瓣，将花柱插入雌性花苞中，进行传粉。
· 用纸袋重新覆盖雌花，2天后，去除纸口袋。
· 当植株枯萎时，采下瓜果，取出种子，洗净，晾干，就像番茄那样采种（详见第213页）。

### 支撑引导

小胡瓜和夏南瓜生长旺盛，大多为蔓生品种。如果没有支撑物的话，它们的茎会在地上匍匐爬行，那样更容易受到害虫的侵扰。

用木棍或者竹竿搭建支架，植株可以顺着支架向上攀缘生长。

有引导地牵引茎蔓在地面上爬行，以免它们影响其他植物的生长。

夏南瓜会长得很大很重，需要绑在支架上。

| | 春季 | 夏季 | 秋季 | 冬季 |
|---|---|---|---|---|
| 播种 | | | | |
| 采收 | | | | |
| 生长期14~20周，株距90厘米 | | | | |
| 轮种信息：轮种第四组，重肥 | | | | |

# 黄瓜

在炎热的夏季，享用园中采摘的鲜嫩多汁的黄瓜，是特别好的补水方式。黄瓜主要有2个品种：荷兰黄瓜，表皮光滑，需要在温室中生长成熟；表皮带刺的品种，可以在户外栽培，可耐受低温。嫩黄瓜是没有完全成熟的黄瓜，也可以食用。

## 土壤条件
室外种植的黄瓜需要向阳、又适当遮阴的地块，它们喜欢排水良好、富含矿物质的土壤。播种前，在垄畦间埋入马粪堆肥。

## 播种
在月球下降期播种。在最后一次霜冻前的1个月，室外播种并覆盖保温，土壤温度在20℃为宜。对植株喷洒新鲜的问荆508浸泡液以抑制疾病。初夏进行播种时也需要覆盖，仲夏则不需要。搭设支架，既可以抑制蛞蝓的侵扰，又可以"引导"植株向上生长，支架的搭设也要考虑日后的采摘是否方便。

## 日常养护
当植株长出四五片真叶时，掐掉芽尖，当植株生长高度超过支架时，再次掐掉芽尖。去除任何不结果的侧枝。浇水一次浇透，不需要经常浇水，至少喷洒1次动态处理过20分钟的CPP制剂。对植株的上空喷洒牛角石英501液肥，平衡CPP的影响。喷洒紫草或荨麻504液肥，防止果实下垂，同时抑制霜霉病。用干草进行覆盖，保持土壤湿润，保护浅根。在进行覆盖之前，喷洒牛角肥500液肥效果更佳。

## 收获和储存
在果实变得过于肥大、味道变苦之前的月球上升期，有规律地进行采收。带茎切下瓜果，而不是拧下，以免伤及植株。

## 常见问题
保持植株的湿润，避免在叶日或者植株湿漉漉的时候进行养护，降低患病的风险。黄瓜附近可以种植夏萝卜，以驱赶黄瓜甲虫。

### 采种
· 为保持种子的纯净，每年只栽种同一品种的黄瓜并进行采种，避免不同品种之间的杂交。
· 用正常的方式来种植黄瓜，让植株在藤蔓上尽可能地生长成熟。在第一次霜冻之前收获果实。
· 挤出果实内的种子，浸入水中，搅出泡沫后，用筛子过滤出种子，在吸墨纸上晾干。
· 将晾干的种子装入纸袋封存。

## 保护根部
黄瓜的根部对环境的变化很敏感。最好在可降解的花盆或者纸箱中进行播种育苗。移栽时，可以连同花盆或纸箱（会很快腐烂降解）一起埋入土壤中，不会伤及植物的根部。

在花盆中种植的幼苗，需要保持湿润，在移栽后，更有助于花盆的腐烂降解。

雌花是结果的关键，它们会在花瓣和茎之间，长出果实。

牵引后，黄瓜的卷须会沿着支架继续向上攀缘生长。

| | 春季 | 夏季 | 秋季 | 冬季 |
|---|---|---|---|---|
| 播种 | | | | |
| 采收 | | | | |
| 生长期16~20周，株距60~90厘米 | | | | |
| 轮种信息：轮种第四组，重肥 | | | | |

# 西葫芦

西葫芦深受人们的喜爱，它们可以长到很大。西葫芦也分为蔓生品种和矮生品种：蔓生的品种可以到处攀爬，到达花园中很多已被人遗忘的角落，矮生的西葫芦则多呈灌木状。如果空间紧张的话，蔓生的品种更加经济有效，只需要提供支架，供它们攀缘生长即可。

## 土壤条件

西葫芦需要生长在向阳、有遮蔽的地块，喜欢温暖的气候、肥沃的土壤和大量的水分。播种前，埋入大量的堆肥或者腐熟的粪肥，蔓生的品种可以种植在堆肥堆的基部。播种前进行除草，喷洒牛角肥500液肥"封土"。

## 播种

月球下降期在室内播种，或者春末，在室外播种并覆盖保护。播种前，在CPP制剂中浸泡种子。最后一次霜冻后的月球下降期时，室内培育的幼苗可以移栽到室外。

## 日常养护

当植株长出四五片真叶时，掐掉芽尖，促进结果侧枝的生长。如果想培育个头大的单果，则淘汰其他果实，以集中养分和水分。保持浇水良好，用微温的水浇灌。在寒冷潮湿的季节，进行人工授粉。植株长出第一个果实后，在清晨喷洒牛角石英501液肥，在采收前的3～4周再次进行喷洒。对叶片和果实喷洒新鲜的问荆508浸泡液，预防真菌疾病。

收。如果西葫芦的表皮吸收了足够多的阳光，会更易于储存，在干燥通风、温度为7～10℃的地方储存最佳。

## 常见问题

喷洒松子浓缩液并用木屑覆盖，抑制蛞蝓的侵扰。确保矮生的西葫芦果实没有陷入泥坑中以防腐烂，那里的水分越积越多，会导致疾病。避免过度施肥，否则会长出很多叶子，而不是果实。

### 采种

- 西葫芦会和小胡瓜、南瓜、夏南瓜进行交叉传粉，因此应避免它们同时开花，以保证种子的纯净。
- 雌花即将开放的头一晚，用纸口袋覆盖花头。第二天早晨，采摘雄花，去掉花瓣，将其插入雌花苞中进行传粉。用纸袋重新覆盖雌花，2天后，去除纸袋。
- 当植株枯萎时，采下瓜果，取出种子。
- 洗净并晾干，储存在密封袋内。

## 保证水分充足

西葫芦喜水，在整个夏季要保持正常浇水。用堆肥或树皮覆盖植株根部，以保持土壤的湿度。此外，覆盖物可将果实与潮湿的土壤隔离。

## 采收

西葫芦的成熟期约为2个月，需要用小刀进行采摘，因为它们的茎杆非常强韧。最好戴上手套，因为西葫芦的茎杆布满了小刺。

可以通过疏果集中养分，培养出巨型的西葫芦。

| | 春季 | 夏季 | 秋季 | 冬季 |
|---|---|---|---|---|
| 播种 | | | | |
| 采收 | | | | |

生长期14～20周，间苗后保留株距90厘米

轮种信息：轮种第四组，重肥

# 南瓜和笋瓜

南瓜和笋瓜的风味与西葫芦、夏南瓜相似，但南瓜和笋瓜可以越冬储存。它们的果肉富含纤维和维生素A，冬季用来煲汤或制作馅饼都很合适，美味营养。挖出果肉后，南瓜的果壳可以制作南瓜灯。

### 土壤条件

南瓜适合生长在完全向阳或半阴的地块，它的根很深，喜欢含有大量腐熟的堆肥或粪肥的沃土；种植前在月球下降期，尽可能深地向土壤中埋入堆肥。也可以像种植小胡瓜那样，在堆肥垛的基部种植南瓜。

### 播种

最后一次霜冻前的4~6周，将种子在CPP制剂中浸泡2小时后，在室内播种，或者进行室外播种并覆盖保护。与覆盖物相比，倒放的玻璃罐，可以给幼苗提供更加温暖的微气候。霜冻结束后，将幼苗移栽到室外。

### 日常养护

南瓜生长的初期，需要经常浇水。在种植穴周围喷洒牛角肥500液肥或者荨麻504液肥。遭遇多变天气时，对幼苗喷洒问荆508浸泡液或者新鲜的蒲公英506浸泡液以预防霜霉病。正常至炎热的天气，在夜间掐掉主茎和侧茎的芽尖后，对植株喷洒紫草液肥和问荆508液肥。当植株长出第一批果实，或者在采摘前一个月的月球上升期的清晨时，对植株顶端喷洒牛角石英501液肥。

### 收获和储存

当南瓜的茎秆开始枯萎断裂时，就表示果实成熟，可以采收了。带茎切下成熟的南瓜（尽可能长地切下茎秆），倒放在地上，接受7~10天的日光浴，硬化表皮。用无纺布覆盖，以免被霜冻冻伤。没有外伤的南瓜在干燥、凉爽的地方，可以贮存到初冬。

### 常见问题

清除果实下面的有机物质，以免幼果受蛞蝓的侵扰。南瓜和玉米（详见第216页），可以作为伴生植物种植。

### 采种

· 南瓜和笋瓜会交叉传粉，应避免它们同地同时开花。

· 雌花即将开放的头一晚，用纸袋覆盖花头。

· 第二天早晨，采摘雄花，摘掉花瓣，将其插入雌花中进行传粉。

· 用纸袋重新覆盖雌花，2天后，去除纸袋。标记出经过人工授粉的植株，当植株开始枯萎时，进行采种。

· 取出种子，洗净，晾干，就像番茄那样（详见第213页）。

### 种植

南瓜和笋瓜都属于高产量作物，因而，如果空间和需求有限，不需要种植过多。为了收获大果每个植株留果两三个，以免养分供应不足。

雌花的底部会结出果实。

在矮生南瓜的果实下面铺一层干草或者木板，可抑制蛞蝓，亦可避免因过于潮湿而导致果实腐烂。

南瓜的表皮经过硬化后，可以在室内保存几个月。

| | 春季 | 夏季 | 秋季 | 冬季 |
|---|---|---|---|---|
| 播种 | | | | |
| 采收 | | | | |

生长期14~22周，矮生品种株距1~1.5米，蔓生品种株距1.2~1.8米

轮种信息：轮种第四组，重肥

# 番茄

番茄产量高，营养美味，深受人们喜爱。其品种繁多，从果实大小看，有牛排大的扁球形番茄，也有迷你的樱桃番茄；从果实颜色看，有红色、绿色、橙色、紫色甚至条纹状色彩。番茄易于种植，无论什么环境，只要土壤条件适宜，都可以生长。

### 🍴 土壤条件

番茄需要遮蔽、全日照、排灌良好的土壤，pH值为5.5以上的土壤最适合其生长。在月球下降期的秋季施用腐熟的堆肥和粪肥。鸡粪、干枯的紫草碎叶、草木灰都是理想的钾肥，可满足番茄的生长需要。也可以按照3：2：1的比例，将番茄枝叶、动物粪便和紫草混合作为肥料。在种植前的10天，向土壤中埋入一层堆肥，堆肥上覆盖一层表土，促使土壤达到理想的温度。

### 🌙 播种

在冬末或初春的月球下降期，于室内用花盆播种，当幼苗长出2片真叶后，换盆间苗。在月球下降期最后一次霜冻过后，第一批花形成的下午喷洒牛角肥500液肥，然后移栽到室外，行距60~90厘米，保持种植地空气流通，同时确保光照。

### 🍃 日常养护

在植株的根部垒土，或者用堆肥覆盖后加一层干草，以固定茎杆。掐掉主干和侧枝之间的再生植株，让光、热和养分，集中供应给即将成熟的果实。每隔10~14天，对叶面和土壤喷洒紫草、海藻和荨麻504液肥。对叶片喷洒新鲜的问荆508浸泡液，预防真菌疾病。坐果后，在月球上升期的清晨，对植株顶端，以细雾形式喷洒牛角石英501液肥，果实的味道更佳，更易储存。

### ★★ 收获和储存

可直接拧下番茄的果实，生食、烹调或储存皆可。在秋季第一次霜冻前，采收所有的绿色番茄。

### 🍃 常见问题

番茄非常敏感，和许多作物不能为邻，它们需要远离马铃薯以预防枯萎病，也要远离小胡瓜、小茴香、茴香、甘蓝和辣椒。对番茄幼苗和周围的地块，喷洒荨麻冷萃取物，预防蚜虫。

## 采种

·选取完全成熟的果实，避免选择青色的果实。

·将成熟的番茄掰开或切开，挤出含有种子的果肉，用筛子滤出种子。

·在水龙头下冲洗轻搓种子，去除果浆。混合细沙搓洗种子，效果更好。

·晾干洗净的种子，存入纸袋内，可以保存多年。

## 提供支撑

番茄很高产，需要给枝蔓提供支撑。矮生的品种，可以将每根主枝和一根木棒捆绑；蔓生的番茄，则可以设立一根高高的木棍或者垂直吊下的绳子，以供植株向上攀爬。

## 绿色番茄

没有完全成熟的番茄呈绿色，用来制作酸辣酱或者煎炒。你可以将整个植株连根拔起，头朝下悬挂在温暖、干燥的地方，比如温室内。已经采摘的果实，和香蕉放在一起催熟。

| | 春季 | 夏季 | 秋季 | 冬季 |
|---|---|---|---|---|
| 播种 | | | | |
| 采收 | | | | |

生长期12~20周，株距45~90厘米（视品种而定）

轮种信息：轮种第四组，重肥

# 甜椒和辣椒

对于不习惯吃辣的人来说，很难一眼分清甜椒和辣椒。和辣椒相比，甜椒通常个头更大，体型更胖。它们都原产于亚热带，因此，除了极其炎热的气候条件外，在有覆盖物保护的环境下，两者都可生长良好。

## 用种子直播

在花盆或托盘中播种，覆土1厘米。2周后，当长出第一对真叶后，将托盘中培育的幼苗移栽到花盆中，土壤、沙子、堆肥的比例为3：2：5。

如果直接在花盆中播种的话，当第一对真叶长出后，进行间苗，留下较为强壮的幼苗。

当霜冻的危险解除后，将幼苗移栽到室外。插入木棍，提供支撑。

## 土壤条件

辣椒需要干燥、温热、全日照的环境，喜欢排灌良好、含有腐熟堆肥的松散土壤，表层用沙砾覆盖。辣椒在种植床的边缘会生长良好，因为那里会反射太阳的光和热。在播种前的月球下降期的某个下午向土壤中埋入牛角肥500，然后用玻璃罩覆盖，使土壤升温。

## 播种

在大多数地区，距离春天的最后一次霜冻大概2个月时在室内播种。种子发芽需要的温度为20℃，需要10～15天；用玻璃罩覆盖播有种子的托盘，或者将托盘置于烤箱旁或者向阳的窗台上。在月球下降期进行播种，行距90厘米。

## 日常养护

播种后，用温和的水浇灌，避免摇晃根系。除去杂草，不需要覆盖，以保持表土干燥。每隔5～7天浇水1次，水中掺入堆肥浸泡液或液肥，补充养分，以紫草液肥最好。坐果后，于月球上升期的清晨，在植株的上空喷洒牛角石英501液肥，在采收前的4周，再次喷洒。用铁丝网笼覆盖植株，让生长中的植株可以伸展出来，有利于空气流通，吸收更多的光和热。

## 收获和储存

辣椒未成熟时呈绿色，成熟后为红色、黄色或者橙色，视品种而定。采收时剪下而不是拔起辣椒，剪下尽可能多的茎秆，有利于保存。

## 常见问题

辣椒忌连作，也不能与马铃薯、番茄和茄子连作，需要间隔的时间至少为4年。辣椒不宜与小胡瓜或番茄为邻。

## 采种

· 果实完全成熟后才能采种。摘下成熟的辣椒，在温暖、明亮的室内晾干。辣椒会完全干透，甜椒只是表皮失水后变皱。

· 将辣椒一切为二，挤出其中的种子，戴上手套取种，以免伤及皮肤。晾晒几小时后，存入罐内，密封保存。

采摘第一批即将成熟的绿色果实，促进其他果实的生长。

| | 春季 | 夏季 | 秋季 | 冬季 |
|---|---|---|---|---|
| 播种 | | | | |
| 采收 | | | | |

生长期18～26周，株距30厘米

轮种信息：轮种第四组，中肥

# 茄子

　　茄子最常见的颜色是淡紫色及黑紫色，但也有绿色品种。茄子原产于印度，是素食文化的代表食物，可以为人体提供高热量，且不含脂肪。茄子在不同的菜肴中有不同的风味，也很适合烧烤。

## 土壤条件

　　茄子的生长期很长，需要吸收很多的光、热和水分，富含堆肥的暗黑沃土最为适宜。喜欢全日照但有些荫蔽的环境。

## 播种

　　温和的气候下，在最后一次霜冻前的一个月，于室内或温暖的温室中播种，保留60厘米的行距。播种前，在CPP制剂中浸种一晚。种子发芽的理想温度为20℃，发芽需要2～3周。用花盆育苗，或者在第一对真叶出现后，移栽到室外。夜间气温如果突然下降到15℃以下，需要覆盖幼苗。茄子的根非常敏感，在种植的同时需要支架为植株提供支撑。春末或者初夏的夜晚会突然变得寒冷，对植株周围喷洒缬草507液肥，起到保温的作用。

## 日常养护

　　有规律地浇水。植株开花时，无论在温室内还是室外防护下均要保证让花粉传播，轻轻拍打花头，或确保蜜蜂和其他昆虫传粉。茄子在生长中需要吸收很多营养，在一天中的任何时候，都可以对植株和苗床喷洒一系列的液肥，最好交替喷洒紫草、荨麻504、海藻和海带浸泡液，每隔10～14天轮换。开花后，至少喷洒1次新鲜的问荆508浸泡液，预防真菌疾病。

## 收获和储存

　　成熟的茄子表皮富有光泽，肉质坚挺。茎秆坚韧、带刺，因而采摘时需要佩戴手套。用刀子切下果实，不要直接拧下。过熟的茄子表皮颜色会变得暗哑，肉质变老变苦，即使家禽也会拒绝食用，可以撕碎后，加入堆肥堆中。

## 常见问题

　　茄子可以和蚕豆伴生，蚕豆可以抑制科罗拉多马铃薯甲虫的侵扰。

### 采种

· 为防止交叉传粉，只种植同品种的茄子。

· 用正常的方式种植，一些植株不采收果实，用以留种。

· 切开留种植株果实的果肉，尽可能地去除种子周围的果肉。

· 用自来水冲洗种子，去除残留的果肉，收集种子，晾干后储藏。

## 覆盖地膜

　　在气候温暖的地区，初夏移栽后，覆盖一层厚厚的腐熟的堆肥，表面用干草覆盖。这样有助于保持湿润，增加养分。

## 掐尖

　　移栽定植后或植株达到膝高后，应将生长的芽尖掐掉。次日早晨，对植株的顶部喷洒牛角石英501液肥，这样有助于侧枝的开花和结果。

|  | 春季 | 夏季 | 秋季 | 冬季 |
|---|---|---|---|---|
| 播种 |  |  |  |  |
| 采收 |  |  |  |  |

生长期24～28周，株距60～75厘米

轮种信息：轮种第四组，重肥

# 玉米

玉米通常分2种：用作动物饲料、食品加工的玉米和在自家花园中种植的鲜嫩多汁的玉米。食用时采摘，否则其中的糖分会很快转化为淀粉。

### 🔧 土壤条件

玉米的生长周期很长，喜温、喜阳，喜欢微酸、湿润的沃土。秋末的月球下降期，在土壤中埋入大量的堆肥或者粪肥。如果堆肥数量有限的话，可以挖出10厘米宽、5厘米深的沟，埋入堆肥，表层覆盖壤土。用木棍标记出沟的位置，次年春天，可以直播。

### 🌙 播种

在气候温暖地区的仲春进行播种，每个播种穴撒入两三粒种子，覆土2.5厘米，株距以40厘米为宜。幼苗破土后，进行间苗，淘汰弱小的苗。在气候寒冷地区的仲春或者春末，开始在可生物降解的花盆中培育幼苗，炼苗后，在春末或夏初移栽到室外。如果有覆盖物保护的话，室外直播也许是更好的选择，因为玉米的根系敏感，不适合移栽。在月球下降期的下午，于播种前或者播种后，立即对土壤喷洒牛角肥500液肥。

### 🔧 日常养护

玉米幼苗需要经常除草，但是要确保不伤及它们的浅根。在植株的根部垒少量土，以保护植株，防止植株被风摇晃。要一直保持浇水良好，特别是在坐果期和夏季。

### ⭐ 收获和储存

当丝绸一般的玉米须变黄、枯萎时，就可以采收了。成熟的玉米粒会使玉米棒变得坚硬、凹凸不平。剥开外壳，如果玉米粒的汁液呈奶白色，说明玉米成熟了。一只手固定玉米秆，另一只手拧下玉米棒。剥开玉米棒的外皮，鲜嫩多汁的玉米粒像珍珠一样美丽。

### 🌿 常见问题

在玉米开始抽穗之前，或者玉米棒开始膨大时，于日出时在植株的顶部上空喷洒牛角石英501液肥，这样可以提升玉米的甜味。每年只种植单一品种的玉米，防止因为杂交而风味变差。

## 采种

· 采收时，在植株上留下一些品质好的玉米棒，令其继续生长。在第一次霜冻之前采摘。
· 剥开玉米的外皮，以更好地晾干。
· 用玉米的外皮，将几个玉米棒捆绑在一起，悬挂在室内，晾干。
· 在早春，剥下玉米粒，去除变色或者干瘪的颗粒。选择健康的种子，保存在玻璃罐内。

## 人工授粉

玉米通常是借助风传授花粉，因而通常种植在正方形的地块内，确保穗状雄花的花粉传到雌穗的花丝上。

在玉米的花期内，如果气候潮湿无风的话，应进行人工授粉，以保证结实率。

## 伴生植物

玉米的植株高大，株距较大，因而可以在周围种植其他的小型作物。可以种植蔓生的四季豆和红花菜豆，还可以同时种植矮生的西葫芦和小胡瓜。

|  | 春季 | 夏季 | 秋季 | 冬季 |
|---|---|---|---|---|
| 播种 |  |  |  |  |
| 采收 |  |  |  |  |

生长期20～28周，株距30厘米

轮种信息：轮种第四组，重肥

# 秋葵

秋葵可食用的部分是果荚，通常是绿色的，但是也可能是粉色或白色的。秋葵可以直接生食，也可以煎炒、腌制或者炖汤，比如美国南部的秋葵浓汤就很有名。"Gumbo"其实是秋葵在其故乡东非的名称，那里温暖潮湿的环境有利于秋葵的茁壮成长。当然，在温和的气候条件下，秋葵也可以在温室内种植。

## 支架支撑

秋葵的植株很高，如果吸收了足够的热量、养分和水分，在夏末很容易长到1.8米高。然而，即使未成熟的秋葵植株只有一半的高度，也容易倒伏。因而当植株长到60厘米高时，需要支架的支撑，定期用软绳捆绑新生的枝叶。

## 土壤条件

秋葵需要全日照、潮湿的环境，还有日间稳定的温度（20～30℃）。它喜欢温暖、肥沃、排灌良好、保湿的土壤。向土壤中埋入大量的生物动力堆肥或者腐熟的粪肥，最好是马粪或者绵羊粪，因为它们比牛粪更富有透气性。在播种前或移栽前，最后一次除草后，对苗床喷洒牛角肥500液肥，最好在月球下降期的下午进行喷洒。

## 播种

在播种前，用细砂纸轻轻摩擦秋葵粗糙的圆形种子，将种子在CPP制剂中浸泡一晚，或者用（之前喷洒）富余的牛角肥500液肥浸种，这样有助于种子发芽。在气候寒冷的地区，利用培育箱使温度保持在16℃——种子发芽需要的温度。在最后一次霜冻之前一个月的月球下降期进行播种，覆土1～2厘米，行距60～90厘米。

## 日常养护

在秋葵的成形期，有规律地浇水，并且用堆肥进行覆盖。在下午，对叶面喷洒海藻、紫草或者荨麻504液肥，或者是稀释的蚯蚓粪，它们富含秋葵所需要的氮质和其他养分。之后在早晨，对整个植株喷洒洋甘菊503浸泡液以固氮。

## 收获和储存

仲夏，当秋葵的果荚长到5～10厘米长，没有完全成熟时，就可以开始采摘，每隔1天采摘1次。采摘得越多，植株结果越多。成熟的秋葵果肉很老，筋多，味同木头。采摘时，佩戴手套，用刀子割下秋葵，因为它的表皮多刺，容易伤及皮肤。未经清洗、没有破损的秋葵，在凉爽的环境中，可以保存数日。拔下过老的植株，切碎茎秆，加入堆肥中，它们会自然降解。

## 常见问题

避免过度浇水，否则会导致过度繁茂的枝叶。移栽之后，对叶面喷洒24小时荨麻冷萃取物，有助于植物固根，同时可以预防蚜虫的侵扰。

### 采种

·为了避免交叉传粉，只选择单一品种的秋葵留种。让它们的果荚尽可能地长大。

·让果荚在植株上枯萎，或者采摘后在室内晾干。撕开果荚，取出种子，晾干，几天后，存入玻璃罐内。

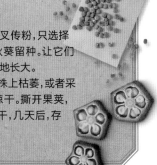

|  | 春季 | 夏季 | 秋季 | 冬季 |
|---|---|---|---|---|
| 播种 |  |  |  |  |
| 采收 |  |  |  |  |

生长期18～23周，株距30～45厘米

轮种信息：轮种第四组，重肥

# 黏果酸浆

黏果酸浆原产于墨西哥，其味道特殊，是墨西哥酱的主要调料。虽然它的英文名（Tomatllos）很像番茄，但它并不是一种绿色的番茄，而是灯笼果的近亲，它的果实外面裹着一层纸样的外皮。尽管可以自花授粉，但是，至少需要种植2株以上的植株，才能确保传粉率和坐果率。

## 土壤条件

黏果酸浆喜欢向阳、排水良好的肥沃土壤。如果花园土壤不适合其生长，盆栽也可以生长良好。用铁锹挖土，让空气进入土壤，同时加入一些腐熟的生物动力堆肥。3年之内种植过马铃薯、番茄、秋葵、茄子和辣椒的种植床，不适宜黏果酸浆的生长。

## 播种

黏果酸浆喜欢炎热的气候，生长周期很长。在月球下降期，最后一次霜冻前的6~8周的早春在室内进行播种，温度以20~26℃为宜。在小花盆内播种，但幼苗足够强健时，于月球上升期移栽到室外。尽量种得深一些，以利于保湿。保持浇水，但也要避免养分的流失。

## 日常养护

保持规律浇水，用堆肥覆盖后，上铺一层干草，以利于保湿。用木桩或架子支撑植株，便于采摘，同时预防病虫害的侵扰。在月球下降期，植株开花前，用紫草液肥喷洒。一旦开花后，掐掉芽尖，以保持植株营养均衡，改善风味。在下一个果日，于早晨和下午喷洒牛角石英501液肥之后，喷洒荨麻或者海藻液肥。

## 收获和储存

在月球上升期，进行采收。清洗之后，放入冰箱中冷藏，可以保存数周，也可以冷冻保存。避免保存在不通风的容器内。

## 常见问题

黏果酸浆既不耐旱，也不耐冻。喷洒荨麻24小时冷萃取物，预防蚜虫和甲虫的侵扰。

### 采种

·选取几粒外皮紧致的果实，采摘后，在太阳下晾晒几天，让它们充分成熟。

·去掉纸样外皮，切开果实后，在水中浸泡几天。搅拌后，取出果肉。

·品质最好的种子会在水中沉底。从水中取出后，晾干，存入密实的容器内。

## 收获果实

黏果酸浆要经历很长的生长期才会开花结果。除了温暖、有庇护的生长环境，黏果酸浆的果实成熟十分缓慢。在气候寒冷的地区，最好种在大容器里以便覆盖保温。

当黏果酸浆的纸样外皮开始变色皱缩，表明果实成熟了。

为了便于保存，食用前再去掉纸样外皮。

| | 春季 | 夏季 | 秋季 | 冬季 |
|---|---|---|---|---|
| 播种 | | | | |
| 采收 | | | | |

生长期28~32周，株距1米

轮种信息：轮种第四组，中肥

# 草莓

草莓很容易种植。草莓有2种类型，一种是浓郁可口的夏果草莓，在秋季种植，初夏可以收获；另一种是四季型草莓，可反复结果，味道稍逊一筹，春季种植，仲夏开始结果，一直持续到秋季。

## 土壤条件

草莓根系浅，在种植前，向土壤中埋入大量的生物动力堆肥、腐熟的粪肥，以及腐叶。它们喜欢沙质、湿润型、微酸性的土壤。给它们提供阳光、新鲜的空气和温度，就可以保证好的收成。

## 播种

购买经过认证的、健康有机的草莓植株，在月球下降期，成行种在室外。种植后及时浇水。

## 日常养护

种植后，覆盖植株周围的地面。次年春天除草，用陈年的云叶或者松针覆盖植株的周围。这有助于保持植株的坚挺健康，同时可防范蛞蝓侵扰。在早春的月球下降期，对苗床喷洒牛角肥500液肥。植株开始坐果后，喷洒牛角石英501液肥。保持土壤的湿润，用细网抵御小鸟的侵扰。草莓需每3年变换一次种植位置，但是最美味的草莓来自生长了两年以上的植株，来自上一年的苗床中的走茎。在种植的第一年，把花摘下来，以保证走茎的长期健康生长。仲夏挑选出合格的走茎，在秋季移栽到室外的一个单独的种植床中，以期来年的收获。从第二年开始，就总会有两个草莓的种植床，一个是有待采收的草莓，另一个则是准备来年收获的幼苗。

## 收获和储存

草莓果实变得暗红，果肉坚挺，可以采收，直接掐掉果实。最好直接食用，或者冷藏保存。

## 常见问题

由下而上浇水，防止土壤和病害孢子溅在叶片和果实上。潮湿的地区，在开花前后和果实的成熟期，喷洒新鲜的问荆508浸泡液。秋季清除老叶，喷洒CPP制剂。始终对苗床进行覆盖，以期收获更加健康美味的果实。

## 采种

· 草莓匍匐生长的茎有时会形成新的植株，把它们分开单独种植即可。不需要种子繁殖。

· 在仲夏，选取生长最强健的草莓长出的幼苗，将幼苗植入埋有堆肥的花盆中。

· 切断除了最强健的幼苗外所有的走茎，保持浇水直到小苗生根后，切断母株和新生植株之间的茎。

· 新的草莓幼苗可以直接移栽到田间，等待次年采收。

## 保护果实

成熟的草莓不仅让人垂涎欲滴，也同样会吸引小鸟和其他害虫，因而，当它们在初夏开始变得娇艳欲滴时，就应该采取保护措施。

在植株的根部覆盖干草，即可抑制蛞蝓的侵扰，也可防止草莓果实因为接触湿润土壤而腐烂。

用细网或笼子覆盖草莓，防范小鸟的侵扰，但也要确保小鸟不会从底部钻入。

草莓在吊篮中生长良好，可以抑制蛞蝓。

|  | 春季 | 夏季 | 秋季 | 冬季 |
|---|---|---|---|---|
| 播种 |  |  |  |  |
| 采收 |  |  |  |  |

生长期为开花后2~4周，株距30厘米，行距45厘米

轮种信息：轮种第四组，中肥

# 覆盆子

覆盆子果肉紧致，鲜嫩多汁，色泽如宝石般夺目。如果同时种植了夏季结果和秋季结果的品种，从初夏开始直至整个秋季，你都能一直享用到美味的果实。

## 土壤条件

选择一处可以长期种植覆盆子，全日照或者部分遮阴的地块。在月球下降期，喷洒牛角肥500液肥之前，清除杂草。覆盆子需要肥沃、排灌良好的微酸性土壤，如果在种植前埋入大量腐熟的堆肥和生物动力堆肥，覆盆子在微碱性的土壤中也可以存活。向土壤中埋入紫草碎叶，以补充钾元素。

## 播种

从正规渠道购买抗病性强的健康一年生裸根苗，秋季或春季种植，最好在月球下降期的果日进行栽培，表土要埋过根系2.5厘米。之后，可在春天月球上升期的果日从红色品种覆盆子上剪下带根苗，在月球下降期定植。或者将黑色和紫色覆盆子的母株接近地面的枝条压入土中，枝条生根之后，将压条长出的幼苗截离母体。

## 日常养护

种植之后，在开花之前，将夏季结果的覆盆子剪去一批绿色的枝条（营养会聚集在褐色枝条上），可使植株更加强健，植株第二年坐果；秋季结果的覆盆子，当年便可收获。在枝条弯曲生长前，于果日的清晨，喷洒牛角石英501液肥，促使枝条直立向上生长。

## 收获和储存

选择天气干燥的日子，最好是在月球上升期，轻轻地拧下覆盆子的果实，将果核留在植株上。即采即食，味道最佳。和大多数浆果不同的是，覆盆子可以冷藏。

## 常见问题

用一层腐叶或者堆肥抑制夏季的杂草。天气炎热时，每几天浇一次水，一次性浇透，避免少量多次浇水，那样只会保持土壤的表层湿润，容易诱发真菌疾病，比如灰霉病。

### 修剪

·夏季结果的覆盆子的长枝，当年生长结果，第二年死亡。因此在采收后的月亮下降期重剪枝条。
·每个植株最多保留4根强健的新枝条，每根新枝保留4个芽点，待次年结果。
·秋季结果的覆盆子，生长期第一年的秋天，齐地剪除所有枝条，次年春季再生新枝。之后每年，保留枝条越冬，次年春季再修剪。

### 牵引枝条

在每一行的末端竖一根结实的立柱，穿上一两根钢丝搭建一个坚实的支架，让枝条沿着钢丝生长，过顶则剪掉。

### 多彩的果实

金色的覆盆子最甜，但是黑色和紫色的覆盆子也别有风味。

### 问荆508液肥

在植株长得过于高大之前，对苗床喷洒问荆508液肥，以保护植物免受疾病的侵扰，最好在月球下降期的果日进行喷洒。

|  | 春季 | 夏季 | 秋季 | 冬季 |
|---|---|---|---|---|
| 种植 |  |  |  |  |
| 插条 |  |  |  |  |
| 采收 |  |  |  |  |
| 生长期为开花后6~8周，定植行距1米，株距45厘米 ||||
| 轮种信息：无轮种，中肥 ||||

# 黑莓和杂交莓

在布满荆棘的篱笆旁，没有什么野生的果子可以和黑莓媲美。园艺品种的黑莓更容易栽种，也方便采摘。除了黑莓，还有覆盆子与黑莓的杂交品种，味道更甜，比如泰莓、波伊森莓和罗甘莓。

### 🍴 土壤条件

黑莓和杂交莓，都需要充足的生长空间，对土壤的要求也比较简单——微酸性、富含生物动力堆肥的土壤。黑莓喜阳，耐半阴，然而杂交莓需要全日照，不耐阴。种植前，清除多年生杂草是首要工作。往土壤喷洒 CPP 制剂和牛角肥500液肥，土壤会变得疏松。

### 🌙 播种

在秋末或早春的月球下降期，移植盆栽的黑莓。安装一个柱子和铁丝网架以供植物攀爬。将根茎顶端埋入土中10厘米深。

### 🔧 日常养护

在早春的月球下降期喷洒 CPP 制剂，或者覆盖生物动力堆肥，以改良土壤。在开花之前，喷洒牛角石英501液肥。将植株捆绑在支架上，以确保它们健康生长，也便于采摘。在秋末，喷洒牛角肥500液肥，打开现有的覆盖层，加入新的堆肥。最后用干草覆盖。

### ⭐ 收获和储存

在干燥的天气采摘成熟的浆果，尽量不要触碰它们的茎。可鲜食，或者放入冰箱中冷冻（不要清洗），食用之前，再解冻并清洗。

### 🍃 常见问题

用细网覆盖果实，防御小鸟的侵扰。修剪枝条后，用稀释过的树胶涂抹伤口。

## 修剪

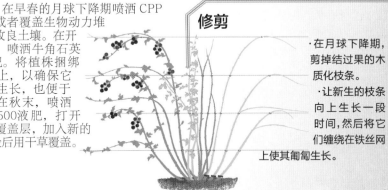

· 在月球下降期，剪掉结过果的木质化枝条。

· 让新生的枝条向上生长一段时间，然后将它们缠绕在铁丝网上使其匍匐生长。

### 繁殖

在月球下降期，将弯曲向下生长的枝条埋入土中，待枝条生根之后，从母株剪离，再植。

## 西洋蓍草502和荨麻504浸泡液喷剂

采集西洋蓍草的花朵，制作西洋蓍草茶（详见第24页），茶水沸腾时，加入一些荨麻。冷却后，滤出浸泡液。在黑莓开花前后，进行喷洒，以预防真菌疾病的侵扰。之后喷洒紫草液肥，以促进酸甜可口的黑莓成熟。

|  | 春季 | 夏季 | 秋季 | 冬季 |
|---|---|---|---|---|
| 种植 |  |  |  |  |
| 插条 |  |  |  |  |
| 采收 |  |  |  |  |

生长期为开花后6~8周，株距1.8米，行距3.6米

轮种信息：无轮种，中肥

# 醋栗

醋栗属于灌木，其坚硬的茎和锐利的刺保护着鲜美的浆果。醋栗非常适于制作果酱、酸辣酱、馅饼和奶油醋栗泥，味道极佳。只要掌握了修剪的技巧，这种多年生的植物很容易长成灌木或单干的直立小乔木的姿态。

## 土壤条件

醋栗喜阳，耐半阴，在大多数类型的土壤中都可以栽培，但注意不要种在霜洼地以免花朵被早春的霜冻伤。在月亮下降期，挖一个比铁锹深的椭圆形的坑，填入比例为6∶4的优质土和生物动力堆肥，形成一个高于地面10～15厘米的土堆，这样做可以促进空气流通，防止霉菌病的发生。

## 播种

如果期待来年夏季收获，最好是在秋分后的一个月内的月亮下降期，种植两年生醋栗灌木。或者选择一棵强健的独枝苗，去掉埋入地下部分的所有芽头，修剪地面以上的枝条，保留15厘米左右（相当于保留4～5个芽点的程度），这样足以保证来年的产量。

## 日常养护

春季覆盖土壤，防止杂草入侵。春末，当浆果开始膨大时浇水。

## 收获和储存

最好在月亮上升期进行采收。成串采摘，避免直接接触果实的表皮，引起氧化和变质。

## 常见问题

将细碎的紫草叶片和橡树皮混入土壤堆肥中，它们会渐渐释放钾质和钙质，满足醋栗对钾、钙的需求。在开花前后，向植株喷洒蒲公英506、西洋蓍草502和问荆508浸泡液，预防真菌疾病发生。也可以喷洒过去制作的生物制剂，以抵御蚜虫，防止叶片卷曲。春季气候多变，植株汁液流动缓慢，容易吸引锯蝇，可施用荨麻504或洋甘菊503浸泡液，促进汁液的流动。如果霜冻和根部松动引起植株受损，稍稍踏实根部土壤即可。

## 修剪

·秋末，去除枯死的木质化枝条和大多数头年生枝条，剩余枝条修剪至各留2个芽点，以待来年生长。

·疏枝，剪掉基部的老化枝，使灌木丛内部的空气和光照更均衡。修剪主枝的顶端，以保持株形。

·晚春，当浆果开始膨大，在下一个月亮上升期，将新生侧枝回剪到第5片真叶的位置，可降低霉菌病爆发的风险，促进短果枝的形成。

## 秋季修剪

深秋，在阳光明媚的午后进行修剪（但要避开霜冻）。修剪侧枝，留下2个芽点，既能促进大量结果芽的形成，也能接收到充足的光线和空气。

使用干净锋利的修枝剪，剪下外侧芽上方的枝条。

## 保护果实

如果受阳光照射，成熟的浆果会变得饱满而透明。小鸟特别喜欢醋栗的嫩芽和果实，因而在结果期，需要用细网保护果实。

红色和粉色的醋栗，通常是味道最甜的。

黄色醋栗有着从淡黄色到琥珀色或金黄色的色调。

| | 春季 | 夏季 | 秋季 | 冬季 |
|---|---|---|---|---|
| 种植 | | | | |
| 压条 | | | | |
| 采收 | | | | |
| 生长期为开花后10周，株距1.5米 | | | | |
| 轮种信息：无轮种，中肥 | | | | |

# 黑加仑

在所有浆果中，黑加仑的维生素C的含量最高。黑加仑可以作为水果食用，也可以制作成果汁、果冻、果浆和果酒。黑加仑属于自花授粉的植物，单株就能结果。

## 🔧 土壤条件

黑加仑喜欢全日照、耐半阴，适宜种植在排灌良好、微酸性（pH=6）的肥沃土壤中。最好避开霜洼地，否则植株开花后不结果。在月亮下降期，整理土壤。将沃土与沙子混合，加入紫草碎叶和腐熟的生物动力堆肥，同时再加入鸽子粪或鸡粪以补充钾质。尽可能深挖土壤，深度10厘米，用配置好的土壤回填。

## 🌑 播种

种植两年生的裸根灌木或者根株苗。也可以在秋末的月亮上升期进行硬枝扦插，将25厘米长的硬枝，埋入土壤中，地面上仅留顶部的2个芽。一年后，在月亮下降期，移栽定植。

## 🌱 日常养护

覆盖有机物，以抑制杂草生长，增加土壤肥力，保持土壤的湿润。从早春开始，对植株的所有绿色部位，喷洒问荆508、西洋蓍草502和洋甘菊503浸泡液，预防霜霉病；在春分之后，采收之前，当月亮与土星处于对立模式时，向植株四周喷洒海带、海藻或者紫草液肥，保持植物的生长平衡，抵御疾病的侵扰；在开花前和采收后，向植株的上空喷洒牛角石英501液肥；在秋分前后的某个夜晚，对土壤施用牛角肥500液肥。

## ⭐ 收获和储存

成熟的黑加仑果实富有光泽，颜色暗沉，采收时，用剪刀剪下果穗或者果枝。

## 🍃 常见问题

用细网覆盖嫩芽和果实以防范小鸟侵扰。在早春喷洒新鲜的荨麻504浸泡液或者冷萃取物，抑制蚜虫和螨虫的侵扰。

## 修剪

· 避免在采收后立即进行修剪，等到秋分后的月亮下降期，汁液重新流回根部时再进行修剪。

· 剪掉结过果的枝条，留下一年生的新枝条，会在次年结果。这样可保持植株内部通风透气，有助于抑制病虫害的侵扰。

· 成熟的黑加仑灌木丛可以高达1.5～1.8米。

## 根株苗种植

种植黑加仑，最简单的方法是选择种植健康的裸根苗或根株苗。最适宜在秋季到春季之间的月亮下降期种植。将根株苗植入地下5厘米处，地面齐平处做标记，便于观察破土而出的新芽。

种植前准备土壤，尽可能深挖种植坑。

利用一根长竿测量种植穴的深度。

| | 春季 | 夏季 | 秋季 | 冬季 |
|---|---|---|---|---|
| 种植 | ▨ | | ▨ | |
| 压条 | | | ▨ | |
| 采收 | | ▨ | | |
| 生长期为开花后10～12周，间苗后保留株距1.5米 | | | | |
| 轮种信息：无轮种，重肥 | | | | |

栽入裸根苗后，轻轻压实土壤，浇透水。

# 红加仑和白加仑

红加仑和白加仑是近亲，都常被用来制作果酱、果冻、果酒和甜点，也可以冷冻保存。红加仑和白加仑的种植方式与醋栗相同。

## 土壤条件

红加仑和白加仑喜阳、耐半阴也耐冷凉，冬季休眠，早春花期时须防霜冻，适宜种植在排灌良好的土壤，避免在低洼处种植，容易水涝。种植前，向土壤中埋入大量腐熟的生物动力堆肥，制作堆肥时加入大量的紫草叶，或者种植时，在种植穴内撒入紫草碎叶（紫草叶富含钾质，有助于植物健康生长，提高产量）。

## 播种

任何季节去苗圃都能买到盆栽苗，最好在月亮下降期种植。你也可以在秋末用硬枝扦插育苗。

## 日常养护

春季覆盖堆肥和紫草碎叶，然后在外层覆盖干草以抑制杂草的生长。春季，当浆果开始膨大时进行浇水。在秋分前后，最好在月亮下降期，种植时或者种植前，向土壤喷洒牛角肥 500 液肥，刺激蠕虫的活动。在春分前后，对苗床喷洒 CPP 制剂，消灭越冬的真菌病原。植株发芽后，开花前，喷洒牛角石英 501 液肥。

## 收获和储存

最好在月亮上升期采收，剪下成熟醋栗的果柄或果梗即可。注意，如果握得太紧，果实容易破裂。

## 常见问题

从发芽到采收期间，喷洒问荆 508 液肥和海藻液肥，以保持植株的健康。

## 植物造型

红加仑和白加仑可以作为独立的灌木栽植，也可以使其倚靠墙面和栅栏攀缘生长。灌木丛的种植间距为1.2～1.5米。

它们可以直立生长，株距30～45厘米。

用"8"字绳结，将植株和支架捆绑。

## 种植

用细网覆盖，在萌芽和花日应预防小鸟的侵扰。不要过度浇水，否则果实容易爆裂。

### 修剪

· 秋末，去除枯死的木质化枝条和大多数头年生的枝条，选择一到两根最老化的枝条从基部齐根剪掉。

· 老枝新枝都能结果，在保留下来的结果枝上留下2个外侧芽。

· 疏剪中间的老化枝条，改善通风透光条件。

| | 春季 | 夏季 | 秋季 | 冬季 |
|---|---|---|---|---|
| 种植 | | | | |
| 压条 | | | | |
| 采收 | | | | |
| 生长期为开花后10～14周，直立枝条间距30～45厘米，灌木植株间距1.2～1.5米 | | | | |
| 轮种信息：无轮种，中肥 | | | | |

# 蓝莓

蓝莓味道极佳，经常食用可以降低罹患癌症、心脏病和一些慢性疾病的风险。蓝莓在酸性（pH=4.5~5.5）的土壤中容易生长，而且十分耐寒，种植无须太多成本。如果花园的土壤条件无法满足种植要求，可以尝试在花盆中栽培。

## 土壤条件

蓝莓喜阳，但午后需要遮阴，喜排灌良好的酸性土壤。大多数土壤的酸性不够，特别是种植过芸薹属植物的碱性土壤（添加过石灰），不宜种植蓝莓。可以在花盆中，或者在杜鹃花科专用的苗床培育蓝莓，或者在土壤中加入松针、松树皮、木条、咖啡渣或者腐熟的木屑以提高土壤的酸度。

## 播种

从秋末到早春，在月亮下降期开始种植二年生或三年生的花盆培育的根蘖苗。

## 日常养护

用酸性覆盖物覆盖土壤。浇灌时选择雨水，而不是用碱性的自来水。在春分和秋分时节的清晨，对土壤喷洒牛角肥500液肥。扦插繁殖的头两年，植株不会结果，在摘掉花芽之前，喷洒牛角石英501液肥。在月亮上升期，对种植床或盆栽中挂果的植株喷洒牛角石英501液肥，以增强果实风味，提高甜熟度。

## 收获和储存

成熟的蓝莓呈蓝黑色，果肉丰满，外皮有白色果粉；成熟的蓝莓很容易采摘，那些不容易摘下的果实还没有成熟，没有味道。蓝莓可以在冰箱中冷藏1周，食用之前，用醋水清洗，去除霉菌。

## 常见问题

预防小鸟的侵扰。覆盖与浇水，保持土壤的冷凉和湿润。

## 修剪

· 如果从分蘖苗开始培育蓝莓，头两年需要摘除花苞，让植株将营养集中供给根系和枝条。

· 摘除幼苗根部生长的蘖芽；修剪中间遮挡光线的枝条。

· 随着植株的成熟，允许每年长2个根蘖，必要时更新植株。

· 在月亮下降期，植株休眠时，修剪4年或4年以上的植株。剪除枯死的和受伤的木质化枝条。从基部剪除老化的枝条。

## 授粉

虽然蓝莓可以自花授粉，但是至少要种植两到三株植株，才会提高坐果，满足需求。最好的传粉昆虫是蝴蝶和黄蜂，可在蓝莓旁种植容易吸引它们的伴生植物，如番红花和樱桃树。

这些迷人的灌木会在春季开出美丽的小花。

## 老枝修剪

修剪生长四年及以上的灌木时，从基部剪去最粗、老化的枝条，如有必要的话，紧贴土壤，剪去强壮的新枝。

|  | 春季 | 夏季 | 秋季 | 冬季 |
|---|---|---|---|---|
| 种植 |  |  |  |  |
| 插条繁殖 |  |  |  |  |
| 采收 |  |  |  |  |

生长期为开花后的8~10周，株距1.5米

轮种信息：无轮种，中肥

# 蔓越莓

蔓越莓富含维生素 C 和抗氧化剂，味道甜美，可以鲜食、榨汁，或者制作蔓越莓酱。蔓越莓原产于北美，它们喜生在酸性的沼泽地。如果你希望它们在你的花园中茁壮成长，结出甜美的果实，需要给它们创造同样的生长条件并悉心照顾。

## 土壤条件

蔓越莓需要寒冷的冬天才能长出结果芽，生长季节较长，仲春种植，到深秋果实成熟。蔓越莓喜欢湿润且排水良好的酸性土壤（pH 值为4.0～5.5），池塘旁边的湿地是不错的选择。用松针覆盖土壤以增加酸性，或者用生长过杜鹃花科植物的土壤建造厚度约20厘米的苗床（详见第225页），最好在月亮下降期进行。

## 繁殖

在月亮下降期的春季，在花盆或者吊篮中扦插种植，也可地栽。将这种浅根灌木的根浸在 CPP 制剂中，用菌根真菌定植，有助于根部吸收营养。

## 日常养护

定期浇水，特别是幼苗，用酸性强的雨水浇灌，而不是自来水，以保持根部的湿润。频繁浇水的土壤营养物质会流失，导致植株生长势变弱，感染疾病，甚至死亡，因而需要在春分和秋分前后，午后对植株和土壤喷洒牛角肥 500 液肥。在仲夏，当花期快要结束时，在月亮上升期，日落时，对灌木丛的上空喷洒牛角石英 501 液肥。对吊篮植物施用杜鹃花科堆肥，每年喷洒海藻液肥，坐果后修剪枝叶。

## 收获和储存

种植后第三年修剪植株，种植后第一年可以采收果实。成熟的蔓越莓呈暗红色，种子呈棕色，在第一次霜冻前进行采收。可以冷冻保存，或者密封后冷藏数周。

## 常见问题

为了保持土壤的酸性，在极端寒冷的天气中，需要保持土壤的湿润；夏季需要除草；每年采收后，用沙土和松针覆盖苗床。

### 修剪

· 只需要轻剪保持株形即可，阻止长枝条在花园里四处蔓延，占用很多空间，同时也利于采摘。

· 只有3年以上的植株才需要修剪，在早春萌芽前进行。

· 修剪前，用叉子或耙子梳理灌木丛，剪去过长的葡匐茎，保持灌木丛的形状。坐果的侧芽及枝条将从修剪后的枝条中生长出来。

### 荨麻504液肥

蔓越莓自花授粉，只需一株就能结出许多果实。在开花前，喷洒荨麻504液肥（详见下图和第32页）。

切下荨麻的茎秆和叶子，花日的荨麻营养特别丰富。

将荨麻茎叶装入网兜内，在雨水中浸泡4～10天。

荨麻504和雨水的配比为每升雨水加入50～100克荨麻504。

| | 春季 | 夏季 | 秋季 | 冬季 |
|---|---|---|---|---|
| 种植 | | | | |
| 压条 | | | | |
| 采收 | | | | |

生长期：开花后20-26周，种植间距90厘米。

轮种信息：无轮种，轻肥

# 甜瓜

甜瓜属于热带水果，也可以在寒冷地区种植。只须选择耐寒品种，在温室或者室外塑料棚中早播即可。相对来说，在甜瓜品种中，哈密瓜最容易种植。

## 🛠 土壤条件

甜瓜喜光照，根系发达，需要保湿、富含腐殖质的底土。播种前，于月亮下降期，在土壤中埋入大量腐熟的粪肥或者生物动力堆肥。2周后，连续除草几次，以7：3的比例混合牛角肥500液肥和荨麻504液肥，在下午喷洒土壤，保持土壤的松散。

## 🌙 播种

在春末的月亮上升期，最好在月亮与土星对立且天气温暖的那一天播种。播种前，在CPP制剂中浸泡种子1小时，播在排水方便、地势较高的地块中，以加速种子发芽，防止根茎腐烂。每穴播种6颗种子，间苗后，留下三四棵幼苗。在气候寒冷的地区，仲春时在室内播种，用生物降解的花盆即可，环境温度以21～24℃为宜。播种前，夜间对土壤喷洒缬草507液肥，然后覆盖保温。在最后一次霜冻的2周后，移栽幼苗，去掉盆底，温度保持在16℃以上。

## 🔧 日常养护

天气变得温暖时，用堆肥或干草覆盖土壤，保持土壤湿润，每2周浇水1次。用微温的水而不是凉水浇灌，避免植物的生长过程中出现问题。用海藻、紫草或者荨麻504液肥喷洒土壤或者叶面，以增加营养。植株出现4朵雌花后，在覆盖下进行人工授粉。开花后，于清晨日出时，在植株上空以细雾形式喷洒牛角石英501液肥，掐掉侧枝，每枝保留两三片真叶即可，有助于空气流通。果实开始膨大后，停止浇水，掐掉弱小的果实，确保个头最大的瓜果完全成熟。

## ⭐ 收获和储存

成熟的甜瓜表皮光滑，果肉丰满，可以从茎上轻轻地拧下来。哈密瓜有麝香的香味，可以鲜食，或者冷冻后制作成冰沙。

## 🍃 常见问题

过度浇水、缺乏营养、气候寒冷，都会导致甜瓜的生长出现问题。可以掐掉侧枝，保持植株的健康。

### 采种

·采收成熟、健康的甜瓜后，可以从其果肉内取出种子。
·用沙子或草木灰搓洗种子，去除残留的果肉，并用流动的自来水冲洗种子。
·晾干种子后，存入纸质信封内，做好标记，可以储存多年。

## 筑畦

将表土、沙子和堆肥按4：1：5的比例混合均匀后筑成15厘米高的畦，行距1.8～2.5米。也可在水槽或中空的赤陶筒内培育幼苗，直接移栽到苗床或者生长袋内。

## 支撑

支撑攀缘向上生长的甜瓜，味道要好于匍匐前行的同类品种，但是它们的果实非常沉重，结果后需要支撑物的支撑。

用倒扣的花盆等支撑物支撑甜瓜，避免果实直接接触地面而腐烂。

用网兜住甜瓜，防止它们掉落。

| | 春季 | 夏季 | 秋季 | 冬季 |
|---|---|---|---|---|
| 播种 | | | | |
| 采收 | | | | |

生长期为播种后12周，株距1.8～2.5m

轮种信息：轮种第四组，重肥

# 苹果

苹果是全世界最为广泛种植的耐寒性水果，品种很多，有着不同的口感和味道，既可鲜食，亦可烹调。苹果树可以修剪整理出不同的造型，比如，横向扩展的伞形，或者修剪成单干的造型。

## 土壤条件
选取向阳、通风、遮风好的地块。苹果喜欢排水良好的黏质壤土，以中性或者微碱性最佳。播种前，多次清除杂草，在月亮下降期，每次除草后，夜间喷洒CPP制剂，保持土质优良。播种前，在月亮下降期即将结束时，于夜间喷洒牛角肥500液肥，平整紧实土壤。

## 播种
深秋至早春，在月亮下降期，最好在月亮与土星对立，植株处于休眠时，种植苹果树。

## 日常养护
在春分前后的傍晚时分，对树干和土壤喷洒CPP制剂，预防真菌疾病。清晨对树干的上空、树的两侧，喷洒牛角石英501液肥，以刺激植株生长。如果果实过于密集，在初夏进行疏离。疏除树干中心的果实及有问题的果实。在仲秋施用树胶。在秋分前后的傍晚时分，对果树根部喷洒牛角肥500液肥，保持根部的健康。

## 收获和储存
早播的苹果，在采收后应立即食用。中播的苹果可以存放长达8周。晚播的苹果可以越冬储存。将苹果放在木质托盘中，储藏在凉爽、干燥的地方。

## 常见问题
苹果树属于异花授粉的植物，大多需要附近有其他的苹果树做伴生以互相授粉。

### 修剪
·早春，当果树流胶，不能抵抗潜在病菌时，最好在月亮上升期的果日，进行修剪。

·去除残枝、过密枝和无果枝。

·短枝结果苹果树，在至少二年生枝条的短侧枝上结果，因此，主枝上新生的当年枝条要轻剪，去掉一半的弱枝。短枝仅保留4~6个芽点。

·顶部结果的苹果树，是在头一年长出的树枝顶端结果，修剪部分老化枝条即可。

### 萌芽
当苹果树开始萌芽时，喷洒问荆508、洋甘菊503、荨麻504、蒲公英506、橡树皮505或者西洋蓍草502制成的浸泡液，以增强植株的抗病虫能力。在满月或者月亮接近近地点时，在高湿的天气情况下，进行施用。

### 伴生植物
苹果树下开满野花，可以吸引有益的昆虫。在下午喷洒牛角肥500液肥，早晨喷洒牛角石英501液肥，对整个区域喷洒，控制杂草的生长。

| | 春季 | 夏季 | 秋季 | 冬季 |
|---|---|---|---|---|
| 种植 | | | | |
| 修剪 | | | | |
| 采收 | | | | |

生长期为开花后14~20周，株距0.75~10.5米（视品种而定）

轮种信息：无轮种，中肥

# 梨

梨因其外形美观、味道浓郁而被人们称之为"水果王后"。相较于苹果而言，梨更加甜蜜多汁，果皮上有独特的纹理。梨树长得很像苹果树，但它的花期要早一些，容易受到霜冻的侵袭。

## 土壤条件

梨树成功的3个基本要素是阳光、温暖、遮风。微酸性（pH=6.5）的土壤最理想，黏重的土壤在初春升温很慢，不宜使用。除草及土壤的准备，和苹果类似。

## 播种

短化和半矮化品种很适合在花园里种植。在月亮下降期，当果树处于休眠时，挖一个口径较宽的种植穴，把根从上往下展开，用优质的土壤和腐熟的生物动力堆肥回填。

## 日常养护

春秋季，常规除草之后，于月亮下降期的午后喷洒牛角肥500液肥，修复土壤。开花前，对整个植株喷洒问荆508浸泡液，预防真菌疾病。坐果后，采收前的几周，在月亮上升期的清晨对整个果树喷洒牛角石英501液肥，加快成熟，增添风味。

## 收获和储存

仲夏采摘后，及时食用。初秋到冬末是梨的主要采收季节，采收那些不太成熟但没有瑕疵的果实以便贮存。放在通风、透气的木条箱里，置于凉爽、干燥的地方，可以保存3个月。

## 常见问题

要想让梨树不断结果，应至少种2棵梨树，同时开花授粉。如果植株生长不良，可在开花前和坐果后，喷洒紫草和海藻液肥，预防矿物质缺乏。对叶面喷洒荨麻504和洋甘菊503浸泡液，每个季节喷洒2次，帮助植物承受压力。花日遇霜冻，用无纺布覆盖以保温。

## 修剪

· 修剪的最佳时机是月亮上升期的果日。

· 初夏，剪短侧枝、侧枝上的结果枝（即短枝）；去除无果枝。

· 冬季修剪，促进空气的流通，让更多的阳光照射进来；去除交叉枝、过密枝和老化枝条；重剪直立枝以控制株形；疏除过密的结果枝。

## 疏果

坐果后，摘去那些瘦小和畸形的果实。疏果可以保证那些最为优质的果实吸收足够的营养，有利于空气流通，让更多的阳光照射进来，加快果实的自然成熟。

## 清理掉落的果实

梨子和苹果一样，在初夏很容易自然掉落，要及时清理以免吸引苍蝇、黄蜂和致病微生物。

|  | 春季 | 夏季 | 秋季 | 冬季 |
|---|---|---|---|---|
| 种植 |  |  |  |  |
| 修剪 |  |  |  |  |
| 采收 |  |  |  |  |

生长期为开花后16～20周，株距0.75～6米（视品种而定）

轮种信息：无轮种，中肥

# 甜樱桃

樱桃树可以和大树一样直立生长，也可以爬满被阳光照耀的围墙。樱桃甜美多汁，可从树上摘下来直接食用。为了提高产量，最好种植2棵以上樱桃树以完成交叉授粉。如果空间有限，可以选择自花授粉的品种。小鸟十分喜欢樱桃，因此，樱桃果实成熟时需要用细网覆盖以防小鸟啄食。

## 交叉传粉

同样品种的2棵樱桃树，即使它们同时开花，也未必可以交叉传粉。春季无霜冻和健康的蜜蜂种群，是保证收成的关键。

## 土壤条件

选择背风、无霜冻的地块。甜樱桃喜欢深厚的土壤和充沛的阳光。种植前，对种植区喷洒牛角肥500液肥，然后在地上挖深坑，用等量的生物动力堆肥和混入粗砂与沙砾的土壤回填。

## 播种

在秋末或初冬树木冬眠的月亮下降期进行种植。株距7米，而那些蔓生的品种间距为2.6～2.7米。种植前，对植株的根部以细雾形式喷洒树胶。

## 日常养护

保持土壤的肥沃、湿润，在春分前后的下一个月亮上升期，用轻质的堆肥覆盖，并施用牛角肥500液肥；为了保持产量，在开花前后，喷洒紫草液肥；春天的寒潮会冻伤樱桃树，在预报有霜冻的前一晚，对树干喷洒缬草507液肥，但不要喷洒那些刚刚萌发的花朵；潮湿的春天，发生真菌病的风险很高，可混合牛角石英501液肥和缬草507液肥，在曙光初现时，对植株上空及植株喷洒。

## 收获和储存

在仲夏的月亮上升期的果日采摘樱桃。从树枝上剪下果实，留下茎干越冬保护植株。新鲜的樱桃可以保存几日。

## 常见问题

在采收后，于秋分前一个月内的某个下午喷洒牛角石英501液肥，帮助植物进入休眠。深秋用树胶涂抹树干，促进伤口的愈合。

### 甜樱桃树的修剪

·在夏季的月亮下降期修剪甜樱桃树，可以降低罹患银叶病的风险，银叶病是一种真菌疾病，容易引发伤口感染，伤及树叶和树枝。

·在生长的头两年，修剪单株的甜樱桃树以使树冠中心通风透光，枝条整齐平衡。

·樱桃在老枝上结果，生长两年后，只须剪去病残的木质化枝条。

·修剪掉那些不结果的枝干，以促进生发新枝。

| | 春季 | 夏季 | 秋季 | 冬季 |
|---|---|---|---|---|
| 种植 | ▨ | | ▨ | |
| 修剪 | | ▨ | | |
| 采收 | | ▨ | | |

生长期为开花后14～20周，株距2.5米（视品种而定）

轮种信息：无轮种，中肥

# 酸樱桃

个头巨大的酸樱桃，一般很容易种植，适合在小型的花园中生长，尤其是矮生品种。酸樱桃特别酸，不适合直接食用，但是经过烹调或烘焙后味道改变，制作果酱、馅饼和布丁出奇地美味。

### 树胶

酸樱桃采收后，给树干刷一层树膏（详见第126～129页）。刷树膏的最佳时间宜在月亮下降期，最好是果日的下午进行。

### 土壤条件

酸樱桃需要排灌良好、适度肥沃的深厚土层，以利于它的强大根系的生长。酸樱桃树也可以在半日照的地方生长。

### 播种

在月亮下降期的果日或根日，进行种植，间距4.5～5.5米。有矮生的品种，像灌木丛一样生长，也可以覆盖整面墙壁。虽然大多数酸樱桃树可以自花授粉，最好同时种植2株以上的植株，才能够保证收成。

### 日常养护

春分和下一个月亮下降期，用轻质堆肥覆盖土壤并施用牛角肥500。酸樱桃需要修枝，才能定期结果。修剪后的植株很容易吸引小鸟，需要覆盖保护。

### 收获和储存

在夏末和秋末的月亮上升期的果日，干燥的天气下，采摘酸樱桃。

### 常见问题

在生长季的初期，容易受到黑刺粉虱蚜虫的侵扰，导致叶片卷曲，可在萌芽初期喷洒细香葱和荨麻504浸泡液，如果需要的话，多次进行喷洒。蚜虫则是土壤过于密实或者修剪后距离墙壁过近而导致土壤过于干燥的信号。尽可能地铲去干燥土壤，喷洒荨麻504液肥或者牛角肥500液肥，或者两者同时施用。混合堆肥和表土，用干草或稻草覆盖，以修复土壤。

### 修剪

· 酸樱桃生长的最初几年，在春夏月亮上升期进行修剪，以利于植株内部的通风透光。培育伞形株形，去除破坏造型的不规律枝条，促使焕发新枝。

· 随后的几年，疏剪木质化的侧枝，或主枝上的结果枝，控制枝条使其远离中心树干生长。疏枝宜在夏季或秋季的月亮上升期进行。

· 采收后，剪短过长的枝条，保留大部分新生的结果枝，以待来年坐果。

### 采摘樱桃

用剪刀剪下樱桃果实，留下一小截梗或柄，以保护植株安全越冬。带梗的樱桃方便保存。食用前去梗，放上几天，等老化成熟后再食用。

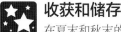

| | 春季 | 夏季 | 秋季 | 冬季 |
|---|---|---|---|---|
| 种植 | | | | |
| 修剪 | | | | |
| 采收 | | | | |

生长期为开花后10～12周，株距4.5～5.5米（视品种而定）

轮种信息：无轮种，中肥

# 李子

## （欧洲李和乌荆子李）

这些李子虽然有着近亲的关系，但它们的外形和味道各不相同。李子和欧洲李可作为水果食用，也可以用于烹调，都十分美味可口。乌荆子李个头较小，味道更酸一些，但经过烘焙或加工后制成罐头的口味却是最好的。并不是所有的李子都可以自花授粉，种植时要挑选花期相同或者与邻居花园同期开花的品种。

### 🔧 土壤条件

排水良好、蔽风、花日能抗霜冻的地方最为理想。欧洲李对霜冻最为敏感，乌荆子李则不然。乌荆子李能够自花授粉，如果空间有限，只能种植一株的话，可以培育成直立型或者伞形，可最大化节省空间，也便于管理。

### 🌙 播种

在晚秋和冬末月亮下降期的果日或根日，最好是月亮和土星对立时进行种植，此时的土壤最适宜种植，且植物处于休眠阶段。在土壤中挖一个深坑，用土壤、腐熟的生物动力堆肥和紫草碎叶的混合物回填。轻轻踩实土壤，不要太过用力，以免导致土壤硬化。

### 🔱 日常养护

在秋分前后，喷洒牛角肥500液肥，以刺激根部的生长；在春分前后，喷洒CPP制剂，消灭表土的病原体。对于那些"硕果累累"的植株，需要进行疏果，防止主干被压断。

### ⭐ 收获和储存

夏末到初秋是李子和欧洲李的成熟季节；乌荆子李在初秋成熟，在月亮上升期的果日进行采收。

### 🍃 常见问题

在秋末的午后，用手擦掉片状的树皮，锯掉枯死的枝干。在月亮下降期，最好是在果日，给植株涂上树膏，可起到增强和保护的作用。

### 修剪

· 头三年的果苗，不要修剪，建立主干和主枝的骨架。

· 春季植株开始复苏时的月亮上升期，选择在温暖干燥的天气里，修剪成年果树。

· 修剪成年植株时，去除过密枝、交叉枝和枯死枝，保持树冠通风，轮廓分明，枝条清晰。

· 修剪伞形果树，去除不理想的老化枝，增进植株的活力。

### 浸泡液的使用

李子和欧洲李树，可得益于各种植物浸泡液：萌芽期喷洒蒲公英506浸泡液，增强体质；叶子形成时，喷洒西洋蓍草502浸泡液，起清洁的作用；蓓蕾形成时，喷洒荨麻504浸泡液，刺激生长；坐果后，喷洒洋甘菊503浸泡液，减轻植物的压力。

在仲春和春末喷洒山葵浸泡液，夏末再次喷洒，可预防真菌褐霉病的发生。

在开花前后的傍晚，对着叶片的背面喷洒紫草液肥。

直接对坐果后的植株喷洒洋甘菊503制剂，减轻植物的压力。

| | 春季 | 夏季 | 秋季 | 冬季 |
|---|---|---|---|---|
| 种植 | ▨ | | ▨ | |
| 修剪 | ▨ | | | |
| 采收 | | ▨ | ▨ | |

生长期为开花后14～16周，株距2.5米（视品种而定）

轮种信息：无轮种，中肥

# 水蜜桃和油桃

水蜜桃有着天鹅绒一般质感的果皮，而油桃的果皮则是光亮的，二者均可即采即食，味道极佳。水蜜桃可以培育成灌木，也可以培育成伞形果树。油桃因其耐寒性不强，喜爱温暖，需要可挡风的墙面或栅栏，因此更适合培育成伞形。

### 🌱 土壤条件

轻质、排水良好、保湿性好的微酸性沙质或砾质壤土，都比较理想。播种前，用叉子彻底翻土，加入大量腐熟的生物动力堆肥，一周后喷洒牛角肥500液肥，两项工作都需要在月亮下降期进行。桃树会在寒冷的冬季进入休眠期，背风、向阳的墙壁或者篱笆，可以更好地保护它们安全越冬。

### 🌙 种植

在月亮下降期，植株处于休眠期时，在秋季或者早春种植。一旦桃树从休眠中苏醒后，不再适宜种植。

### 🛡 日常养护

植株即将萌芽前，对土壤喷洒荨麻503液肥，最好是在果日进行。萌芽后，向土壤喷洒CPP制剂。如果需要的话，用新鲜的堆肥覆盖土壤。及时浇水，特别在即将结果前。覆盖根部，保持树干的清洁。坐果后进行间果，果间间距一个手掌宽度。在早秋的下午时分向果树喷洒牛角石英501液肥，将会"封存"植物体内的糖分，满足根部越冬的营养需求。

### ⭐ 收获和储存

在月亮上升期，采摘水蜜桃和油桃。最好在果日进行采摘，成熟的果实可以毫不费力地拧下来。

### 🍃 常见问题

油桃的果实开始膨大时，如果缺水，果实会开裂。成熟的油桃很受小鸟和松鼠的欢迎，应用细网覆盖果实，免受侵扰。

## 发芽

水蜜桃和油桃都可以自花授粉，但是它们的花期很早，天气寒冷时，出来活动的传粉昆虫很少，因而需要人工授粉，用柔软的小刷子帮助授粉，保护花苞，免受霜冻的侵扰，尽可能地提高产量。

## 伴生种植

开花期的桃树容易吸引果树蛾子，它们会在此产卵，因而需要在桃树附近种植艾菊，或者在早春对果树喷洒艾草浸泡液，抑制蛾子的侵扰。开花前后，在月亮上升期的果日，对植株喷洒紫草、海藻和海带制成的液肥。

## 修剪

· 在采收的那几周，或者在早春的月亮下降期，修剪桃树。注意避开春寒期。

· 果实在上一季修剪过的枝条上，对新发的枝芽进行修剪，保持植株的伞形株形。

· 修剪后，对整个植株涂抹树膏，以促进切口的愈合。

| | 春季 | | 夏季 | | 秋季 | | 冬季 | |
|---|---|---|---|---|---|---|---|---|
| 种植 | ▨ | | | | | ▨ | | |
| 修剪 | | | ▨ | | | | | |
| 采收 | | | ▨ | | | | | |

生长期为开花后16～20周，株距4～5米（视品种而定）

轮种信息：无轮种，中肥

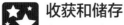

# 杏子

即使是在自家的小花园中，也能种植杏子。好好照顾它们，它们会用鲜嫩、多汁、芬芳甜美的果实回报你，这些果实的味道是超市里销售的水果无法比拟的。杏子开花时，十分柔美动人。

## 🌱 土壤条件

杏子需要向阳、抗风、防霜冻的地块。它们喜欢排水良好、pH值接近中性的沙质壤土。种植前，在月亮下降期（约为13天）开始时，在土壤中埋入大量的生物动力堆肥，然后在大约一周后的夜间对土壤喷洒牛角肥500液肥。最好在多云的根日或果日进行喷洒。如果有可能的话，在月亮下降期结束前，进行种植。

## 🌙 播种

杏子可以自花授粉，因而只须种植一棵杏树，就可以收获很多果实。在春秋季，或者是温暖的冬季，当月亮下降期开始时，植物处于休眠，种下一年生的小果苗。小心地清除树干和树枝上的片状树皮。种植时，喷洒CPP制剂，或者将根球蘸取一些CPP制剂，注意保留根球上残留的土壤，有利于固根。种植后，尽快修剪，使株形呈伞状或者灌木丛状。然后用树膏（详见第126~129页）涂抹树干或树枝，以促进切口的愈合。

## 🌿 日常养护

修剪后，用新鲜的堆肥覆盖土壤。开花前，在月亮下降期的下午喷洒牛角肥500液肥；开花前后，在月亮上升期的清早对植株顶部喷洒牛角石英501液肥。

## ⭐ 收获和储存

杏子的果实通常在夏末成熟。外皮有伤的果实，需要尽快食用，或者制作成罐头长期保存。无瑕疵的健康果实，可以保存1周，甚至长达10天。

## 🍃 常见问题

杏树结果数量大，为防止果实腐烂，需要进行间果，但是必须在果实开始膨大时进行。在月亮下降期，无霜冻的日子，清除片状的树皮，用树膏涂抹创口，防止螨虫的侵扰。

## 修剪

· 在春季月亮上升期开始时，修剪伞状的杏树。此时的杏树枝条生长旺盛，可以避免因修剪而导致的疾病。修剪至结果枝部位，以促进新枝生长。

· 不要潮湿的天气进行修剪，否则容易诱发银叶病和黑腐病。

· 灌木状的杏树只保留三四根枝干以利于植物内部通风透光。

· 夏季，摘掉遮挡果实光线的树叶。视情况进行疏果。

## 开花结果

杏花的花期很早，在乍暖还寒的春季开花，此时出来活动的昆虫很少，因此须人工授粉。将杏树修剪成伞状或灌木状，保护杏花的花苞，免受春寒的侵扰。

如果需要的话，可在花蕾绽开时，用软刷轻柔地帮助其授粉。

用无纺布覆盖植株，可以给植物保暖，抵御春寒，但也阻挡了昆虫授粉。

成熟的果实呈金色，可以毫不费力地从树上拧下来。

| | 春季 | | 夏季 | | 秋季 | | 冬季 | |
|---|---|---|---|---|---|---|---|---|
| 种植 | | | | | | | | |
| 修剪 | | | | | | | | |
| 采收 | | | | | | | | |

生长期为开花后14~18周，灌木状杏树株距3.5~5.5米，伞状杏树株距5米

轮种信息：无轮种，轻肥

# 无花果

无花果有着漂亮的绿色或深紫色的表皮，果肉则呈深粉色，鲜美可口。无花果树枝繁叶茂，株形优雅，是优良的园林及庭院绿化观赏树种。

## 土壤条件

无花果喜欢生长在排水良好、温暖向阳的地方。寒冷的季节，将无花果的枝条牵引在墙壁或者篱笆上，覆盖无纺布保温。若在寒冷潮湿的环境地栽无花果，虽生长快速，却难以结果。选择在一个向阳、背风的地方，将无花果种到大花盆中，移到凉爽、无霜冻的区域安全越冬。

## 播种

最后一次霜冻过后，栽种一年生的果苗，以便夏天成形。应在月亮下降期栽种。

## 日常养护

春季把盆栽移到室外，喷洒牛角肥500液肥和荨麻504浸泡液的混合液，以保持植株稳定生长。可以利用富余的洋甘菊503液肥和新鲜的问荆508浸泡液，并同时喷洒海藻和紫草液肥。夏至之前，在日出时对植株以细雾形式喷洒牛角石英501液肥，以刺激来年花芽的萌发。秋分前再次喷洒，加速果实成熟。秋季进行覆盖，帮助植株抵御冬季的寒冷。在初夏，保持土壤湿润，并维持足够的营养生长。

## 收获和储存

成熟的无花果果实富含植物纤维和钙质，可以鲜食、制作果酱或者果干。无花果放在托盘上晾晒，用细网覆盖，防止大黄蜂的侵扰，每天翻动1次，1周后干透，收起储藏。

## 常见问题

在落叶期的下午，对幼苗喷洒牛角石英501液肥并施用稀释的树胶，帮助树液流向叶子、果实和根。

## 修剪

· 在夏季的月亮上升期进行修剪，无花果树的树汁会刺激皮肤，因而需要佩戴手套进行作业。

· 拨开果树的枝叶，轻轻修剪树干的中心，去除羸弱、枯死或者生长不良的树枝。

· 攀缘生长的无花果树，应修剪过密枝、交叉枝与枯死枝条，并将新生的枝条整理固定在支撑物上。

· 疏叶，避免叶片遮蔽果实的光线。

## 成熟的无花果

成熟的无花果果实柔软，垂坠于枝条，果皮上有粉状物。在气候寒冷的地区，果实成熟后摘除那些又小又硬的果实；而在气候温暖的地区，这些果实会在下一个收获的季节成熟。在生长季结束时才坐果的果实，会在来年成熟。

## 固根

在槽内栽种无花果，有利于固根，促进结果。挖出一个正方形的坑，边长大约90厘米，四面用铺路石或排水瓦垒砌。如果面对墙壁栽种的话，留下一个拳头那么宽的缝隙，可用垂直的铁丝或者铁丝网引导果树的生长。

| | 春季 | 夏季 | 秋季 | 冬季 |
|---|---|---|---|---|
| 种植 | | | | |
| 修剪 | | | | |
| 采收 | | | | |

生长期为开花后32~40周，株距4~5米

轮种信息：无轮种，轻肥

# 柑橘类水果
## （柠檬、橘子、酸橙）

柑橘类水果起源于亚洲的亚热带地区，是一种常绿植物。在寒冷地区，适合种植在大型的花盆中，霜冻来袭前，搬入室内避寒。柑橘类水果营养丰富，果树还可以用来装点庭院、露台和温室。

### 🌱 土壤条件

柑橘类水果喜欢向阳、抗风的地方，避免强风的侵袭。微酸性（pH 值为6）的沙质壤土升温快，排水良好，保肥性也好，是最佳选择。也可以盆栽，沃土、腐熟的堆肥和细沙的比例为3：2：1。

### 🌓 播种

柑橘类水果可以自花授粉，因而只须种植一棵果树，就可以期待硕果累累。在春季的月亮下降期种下盆栽的果树，裸根的果树可以在任何时间栽种。对种植穴和植株喷洒 CPP 制剂。之后，及时浇水。

### 🔪 日常养护

从萌芽到开花，对叶片和树干喷洒荨麻504或海藻液肥以刺激侧枝的生长。即将开花的早晨对植株的顶端喷洒牛角石英501液肥以增强果实风味，同时有助于来年的开花。开花后，在任何时间喷洒紫草浸泡液，促进成叶，这是果实成熟的前提。喷洒后用雨水浇灌。每隔3～4年，更换花盆中的堆肥。

### ⭐ 收获和储存

柑橘类水果可以一直生长在果树上，需要的时候再进行采摘。在干燥的天气进行采摘。它们在7～9℃的储存条件下，保存良好。

### 🍃 常见问题

贫瘠干燥的土壤容易诱发螨虫，但是要避免过度浇水和营养过剩。如果天气过于潮湿，对植株的所有绿色部分，喷洒新鲜的问荆508浸泡液，预防真菌疾病。

### 修剪

· 种植时，去除基部的根蘖萌条，注意不要损伤到树皮。

· 在月亮下降期，于植株萌芽前修剪。尽量少修剪，只剪除干枯枝、病虫枝、树上的徒长枝，以及贴近地面的侧枝，这些侧枝会阻碍空气流通，消耗植株养分，最终会造成柠檬树的死亡。

· 修剪后，当天稀释树胶，喷洒枝干和伤口。

· 果实太过稠密时应疏果。

### 柑橘类水果品种

柑橘类水果的品种很多，比如金钱橘、蜜柑和橙子。和大多数寒冷地区的果树不同，它们一边开花一边结果。

柑橘柠檬是最常见的柠檬品种。

酸橙（*C.× aurantiifolia*）的果实通常是绿色或黄绿色的。

果肉的颜色通常有黄色、粉色和红色。

| | 春季 | 夏季 | 秋季 | 冬季 |
|---|---|---|---|---|
| 栽种 | | | | |
| 修剪 | | | | |
| 采收 | | | | |

生长期为开花后9～11周，株距5～10米（视品种而定）

轮种信息：无轮种，重肥

# 葡萄

一定要根据自身需求，选择合适的葡萄品种种植，因为鲜食、制作果酱与酿酒的葡萄品种千差万别。平日做鲜果食用的葡萄，用来酿造葡萄酒可能会索然无味，但是，可长期储存的葡萄品种却能制成佳酿。反之，酿酒用的葡萄若直接作为鲜果食用，则少了一番"汁"味。

## 土壤条件

葡萄喜阳，喜排水良好、升温快的土壤，这种土壤有利于果实的生长和成熟。保持空气流通，预防疾病，可加速果实成熟。葡萄藤会四处攀爬，利用一切可利用的物体，比如墙壁、藤架、柱子和缆缆提供支撑。

## 播种

在月亮下降期，向种植穴内埋入大量腐熟的生物动力堆肥，以期松散土壤。

## 日常养护

秋季对土壤喷洒牛角肥500液肥，春季喷洒CPP制剂，促进根系强大，维持土壤的整体健康。开花前后，在植株上空喷洒牛角石英501液肥，促进果实成熟，如果果实成熟缓慢的话，夏末再次进行喷洒。在春夏两季的清晨，对叶片喷洒问荆508浸泡液、橡树皮505制剂或者西洋蓍草502浸泡液，维持植物的健康。喷洒荨麻504或洋甘菊503浸泡液，减轻炎热给植物带来的影响。在即将开花前或者开花后的夜间，对叶面施用紫草和海藻液肥，保持养分，让植物焕发活力。

## 收获和储存

葡萄在月亮上升期采收，用于酿酒的葡萄，采下后，马上进行加工。

## 常见问题

必要的话，用细网覆盖，防止小鸟啄食。葡萄蠕虫及葡萄长得过于密集均会引发酸腐病，散发的醋酸味随风飘散，招引醋蝇，所以，及时清除感染病菌的葡萄。

### 修剪

·冬末或早春，修剪主枝，控制株形，促进侧枝的生成。葡萄形成在去年枝条的节点上。因此，只须修剪葡萄藤其余部分，即可确保能量在果实和芽、叶之间的平衡。

·减掉基部长出的根蘖萌条，面积较大的伤口涂抹树胶。（详见第126～129页）

·初夏，剪去侧枝和徒长枝上的弱小葡萄，促进空气的流通。

·夏末，摘去部分叶枝，增加光照和空气的流通，有利于果实的发育。

## 固根

叶果密度过大，会影响通风透光，造成果实瘦小，而且容易诱发灰霉病和葡萄蠕虫。因而需要在果实的萌芽阶段进行疏果，用于制作甜品的葡萄，每枝只留一簇；用于酿酒的葡萄，每30厘米保留一簇。

新长出的每一簇，都要进行疏果，掐掉1/3的果实。

## 伴生植物

在19世纪，人们通常会在葡萄园的尽头种植玫瑰。玫瑰会比葡萄早受到白粉病的侵扰，因而玫瑰可以预先起到警醒的作用，园丁们可以尽早采取措施，挽救葡萄收成。今天，人们在葡萄园中种植玫瑰，纯粹是为了装点花园。

|  | 春季 | 夏季 | 秋季 | 冬季 |
|---|---|---|---|---|
| 种植 |  |  |  |  |
| 插条 |  |  |  |  |
| 采收 |  |  |  |  |

生长期为开花后14～18周，株距90厘米

轮种信息：无轮种，轻肥

# 生物动力制剂年历

| | | 早春 | 仲春 | 春末 | 夏初 | 仲夏 |
|---|---|---|---|---|---|---|
| **生物动力喷剂** | 牛角肥 500 | 挖出秋季埋入地下的牛角 | | | | |
| | | 动态化1小时，于傍晚向土壤喷洒 | | | | |
| | 牛角石英 501 | | 在牛角中装满石英，埋入地下 | | | |
| | | 动态化1小时，通常于早晨，在植株顶端以细雾形式喷洒 | | | | |
| | 问荆 508 | | | | 采集并晒干问荆 | |
| | | 稀释新鲜的浸泡液或液肥，动态化10~20分钟，对土壤或植株施用 | | | | |
| **生物动力堆肥制剂** | 西洋蓍草 502 | | | | | 收集并晒干西洋蓍草花朵 |
| | | | 向牛膀胱中装满西洋蓍草花朵，夏季悬挂 | | | |
| | | 制作新的生物动力堆肥，或在翻动堆肥垛时加入 | | | | |
| | 洋甘菊 503 | | | | 挖出秋季埋入地下的牛膀胱 | |
| | | 向牛肠中装满洋甘菊花朵，埋入地下 | | | | |
| | 荨麻 504 | | | | 制作新的生物动力堆肥，或在翻动堆肥垛时加入 | |
| | 橡树皮 505 | | | | | |
| | | 制作新的生物动力堆肥，或在翻动堆肥垛时加入 | | | | |
| | 蒲公英 506 | | 收集并晒干蒲公英花朵 | | | |
| | | 挖出秋季埋入地下的肠系膜 | | | | |
| | 缬草 507 | | | | 采集缬草，在水中浸润，或者制作缬草果汁 | |
| | | 动态化10~20分钟，对花苞或土壤喷洒以抵御霜冻 | | | | |
| | CPP | 任何季节都可以制作，动态化10~20分钟，于傍晚对没有使用过生物动力堆肥的土壤或者苗床进行喷洒 | | | | |

让你一目了然地了解如何制作和使用生物动力喷剂和6种生物动力堆肥制剂。

| 夏末 | 秋初 | 仲秋 | 秋末 | 初冬 | 隆冬 | 冬末 |
|---|---|---|---|---|---|---|
| | 向牛角中装满粪肥后埋入地下 | | | | | |
| | 挖出春季埋入地下的牛角 | | | | | |
| | 取下悬挂物（牛膀胱），埋入地下 | | 制作新的生物动力堆肥，或在翻动堆肥垛时加入 | | | |
| | 收集，晒干洋甘菊花朵 | | 制作新的生物动力堆肥，或在翻动堆肥垛时加入 | | | |
| | | | 制作新的生物动力堆肥，或在翻动堆肥垛时加入 | | | |
| 12~15个月后，挖出荨麻 | | | | | | |
| 挖出秋季埋入地下的头盖骨 | | | 制作新的生物动力堆肥，或在翻动堆肥垛时加入 | | | |
| | 装入肠系膜内，埋入地下 | | 制作新的生物动力堆肥，或在翻动堆肥垛时加入 | | | |
| | | | 动态化10~20分钟，制作新的生物动力堆肥，或在翻动堆肥垛时加入 | | | |

致